무조건 합격

초단기 합격을 위한 필수 비법서!

소방안전관리자 2급 기출문제집

MBL-e

들어가며

최근 부동산 공인중개사 등 자격증 시험을 유튜브로 준비하는 사람들이 많아졌습니다. 그 덕분인지 제가 2024년부터 올린 소방안전관리자 2급 관련 영상도 단기간에 상당한 조회수가 나왔습니다. 그만큼 자격증과 관련한 학습 영상과 공부 방법, 요령 등을 설명하는 콘텐츠에 대한 요구는 컸습니다.

그런데 댓글을 보다 보면 감사의 인사말 가운데 자꾸 시험에 떨어진다는 내용이 많았습니다. 심지어 다섯 번이나 떨어졌다는 댓글을 보면서 '그렇게까지 어려운 시험은 아닌데!' 하는 안타까운 마음이 들었습니다. 그러다가 막연히 '문제풀이 강의를 유튜브 채널에 한번 올려 볼까?' 하는 마음이 들었습니다. 그렇게 소방안전관리자 자격증 기출문제와 예상문제를 준비했고 강의 영상을 올리기 시작했습니다. 기초 자료 준비에도 적잖이 시간이 들었지만, 강의 영상 촬영에서 편집까지 온라인 강의 한 편을 구성하는 데 적게는 6시간, 많게는 8시간까지 걸리기도 했습니다.

많은 분이 뜨겁게 호응해주신 덕에 2024년 말 20여 편의 영상을 찍었고, 100만 회가 넘는 조회수를 기록하며 여러분의 꾸준한 관심과 사랑을 받고 있습니다. 또한 영상에서 잘못된 부분을 구독자들이 하나하나 조언해주어서 '집단 지성'의 힘을 느꼈습니다. 그 덕분에 영상의 완성도가 더 높아질 수 있었습니다.

아직도 여전히 부족한 면이 많지만, 여러분의 응원 덕분에 본 교재를 출판할 용기를 얻었습니다. 이 교재는 소방안전관리자 2급 시험 과목 해설보다는 문제 풀이에 집중했으며, 한국소방안전원 의무 강의 때 나누어주는 기본 교재를 바탕으로 한 실전 문제 풀이 위주로 담았습니다. 이 교재는 실제 출제되었거나 출제된 문제와 최대한 유사한 문제들로 구성하여 문제를 풀면서 자연스럽게 암기 및 학습이 되도록 기획했습니다. 공식 교재 정리는 물론, 기출문제까지 힘들여 정리한 만큼 이 교재가 소방안전관리자 2급 시험의 필수 합격서로 자리매김할 것을 기대합니다.

제 강의 영상과 문제집, 자료를 통해 여러분이 소방안전관리자 2~3급 시험에 반드시 합격하면 좋겠습니다. 또 합격 후기 및 기출문제를 네이버 카페 '청담동부동산사람들(cafe.naver.com/koreanrealtors)'로 공유해주시면, 지속적으로 새로운 내용을 업데이트하겠습니다.

여러분의 많은 관심과 사랑에 진심으로 감사합니다.

지은이 **남 기 태**

지은이 남 기 태

경희대 지리학과를 졸업하고, 건국대 부동산대학원 글로벌프롭테크 과정에 재학 중이다. 반다이코리아 총판과 소니코리아 벤더 등 무역 업체를 15년간 운영했고, 현재 공유오피스와 중개사사무소를 운영하고 있다. 실제로 대지 109평에 연면적 263평 건물의 대수선을 진행했고, 그 일을 계기로 부동산에 관심을 갖게 되었다.
40대 중반에 공부를 시작해 공인중개사(2020년 12월), 소방안전관리자 2급(2021년 1월), 건축기사(2023년 9월), 서울시 글로벌공인중개사(2023년 11월) 등 자격증을 취득했다. 2025년에도 소방기사 및 소방안전관리자 1급 등 꾸준히 관련 교재를 펴낼 계획이다.

본 교재는 기출문제를 기반으로 구성했으며, 유튜브를 통해 제공되는 강의를 함께 활용할 수 있습니다. 교재와 영상을 병행하면, 더욱 효과적으로 학습할 수 있습니다. 아래 QR 코드를 카메라로 스캔하면 유튜브 강의로 바로 연결됩니다.

1. 스마트폰에서 카메라를 켠다.
2. 카메라로 QR코드를 비춘다.
3. QR이 인식되면 나오는 주소를 클릭한다.

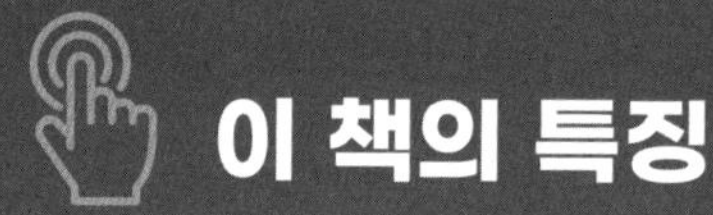

이 책의 특징

01 문제마다 중요도 표기

02 정답과 해설을 한 페이지에 구성한 효율적인 학습

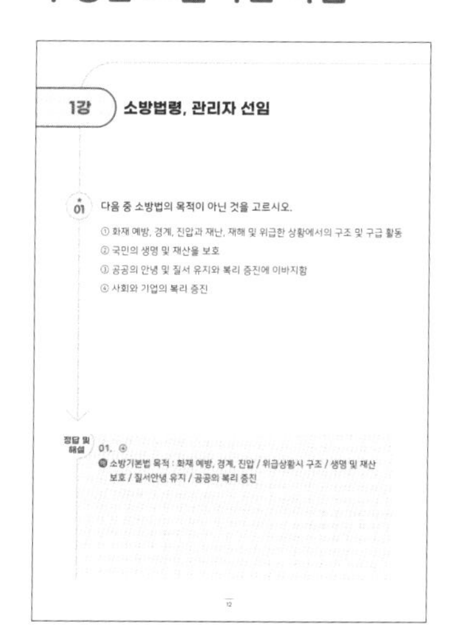

1강 소방법령, 관리자 선임

★ 01 다음 중 소방법의 목적이 아닌 것을 고르시오.

① 화재 예방, 경계, 진압과 재난, 재해 및 위급한 상황에서의 구조 및 구급 활동
② 국민의 생명 및 재산을 보호
③ 공공의 안녕 및 질서 유지와 복리 증진에 이바지함
④ 사회와 기업의 복리 증진

정답 및 해설 01. ④
해 소방기본법 목적 : 화재 예방, 경계, 진압 / 위급상황시 구조 / 생명 및 재산 보호 / 질서안녕 유지 / 공공의 복리 증진

12

03 꼭 필요한 내용만 뽑은 단원별 핵심 개념 정리

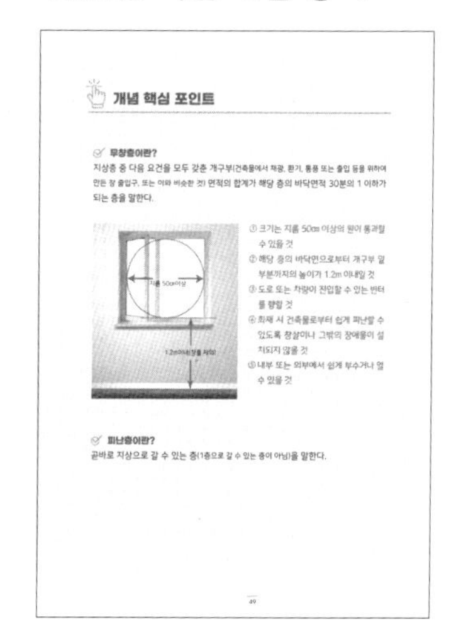

개념 핵심 포인트

무창층이란?
지상층 중 다음 요건을 모두 갖춘 개구부(건축물에서 채광, 환기, 통풍 또는 출입 등을 위하여 만든 창 출입구, 또는 이와 비슷한 것) 면적의 합계가 해당 층의 바닥면적 30분의 1 이하가 되는 층을 말한다.

① 크기는 지름 50㎝ 이상의 원이 통과할 수 있을 것
② 해당 층의 바닥면으로부터 개구부 밑부분까지의 높이가 1.2m 이내일 것
③ 도로 또는 차량이 진입할 수 있는 빈터를 향할 것
④ 화재 시 건축물로부터 쉽게 피난할 수 있도록 창살이나 그밖의 장애물이 설치되지 않을 것
⑤ 내부 또는 외부에서 쉽게 부수거나 열 수 있을 것

피난층이란?
곧바로 지상으로 갈 수 있는 층(1층으로 갈 수 있는 층이 아님)을 말한다.

49

04 수험생 후기를 바탕으로 엄선한 최신 문제 수록

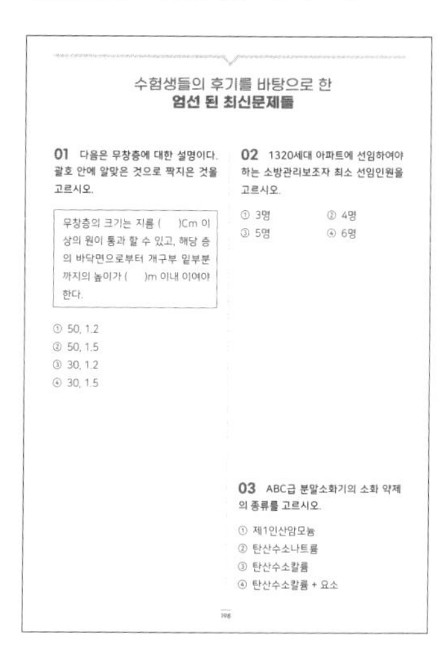

수험생들의 후기를 바탕으로 한
엄선 된 최신문제들

01 다음은 무창층에 대한 설명이다. 괄호 안에 알맞은 것으로 짝지은 것을 고르시오.

> 무창층의 크기는 지름 (　)Cm 이상의 원이 통과 할 수 있고, 해당 층의 바닥면으로부터 개구부 밑부분까지의 높이가 (　)m 이내 이여야 한다.

① 50, 1.2
② 50, 1.5
③ 30, 1.2
④ 30, 1.5

02 1320세대 아파트에 선임하여야 하는 소방관리보조자 최소 선임인원을 고르시오.

① 3명 ② 4명
③ 5명 ④ 6명

03 ABC급 분말소화기의 소화 약제의 종류를 고르시오.

① 제1인산암모늄
② 탄산수소나트륨
③ 탄산수소칼륨
④ 탄산수소칼륨 + 요소

198

05 쉽고 풍부한 해설로 오답 완벽 정복!

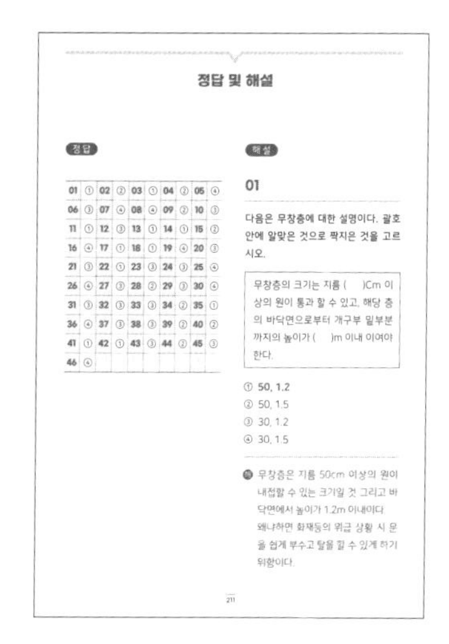

정답 및 해설

정답

01	①	02	②	03	①	04	②	05	④
06	③	07	④	08	④	09	②	10	③
11	①	12	③	13	①	14	①	15	②
16	④	17	①	18	①	19	④	20	③
21	③	22	①	23	③	24	③	25	④
26	④	27	③	28	②	29	③	30	④
31	③	32	③	33	③	34	②	35	①
36	④	37	③	38	③	39	②	40	②
41	①	42	①	43	③	44	②	45	③
46	④								

해설

01

다음은 무창층에 대한 설명이다. 괄호 안에 알맞은 것으로 짝지은 것을 고르시오.

> 무창층의 크기는 지름 (　)Cm 이상의 원이 통과 할 수 있고, 해당 층의 바닥면으로부터 개구부 밑부분까지의 높이가 (　)m 이내 이여야 한다.

① **50, 1.2**
② 50, 1.5
③ 30, 1.2
④ 30, 1.5

해 무창층은 지름 50cm 이상의 원이 내접할 수 있는 크기일 것 그리고 바닥면에서 높이가 1.2m 이내이다. 왜냐하면 화재등의 위급 상황 시 문을 쉽게 부수고 탈출 할 수 있게 하기 위함이다.

211

CONTENTS

들어가며 02
이 책의 특징 05
소방안전관리자 2급 준비를 위한 Q&A 08

1강 소방 관계 법령 및 관리자 선임 10

2강 각종 벌금 및 과태료 28

3강 소방 시설과 방염 및 관리자 실무 교육 48

4강 작동점검, 연소와 가염물 66

5강 화재의 종류, 위험물 분류 86

6강 소화기 및 옥내 소화전 110

7강 스프링클러와 소화 설비 132

8강 자동화재탐지 설비와 P형 수신기 162

9강 소방 계획 및 응급 조치 190

수험생 후기를 바탕으로 엄선한 최신 문제 203
정답 및 해설 217
계산 문제 완벽 특강 242

Q1 소방안전관리자 2급 자격증은 어떻게 취득할 수 있나요?

A1 '소방안전원' 홈페이지에서 강습 교육을 신청하고, 5일간 교육을 받으면 시험을 볼 수 있는 자격이 부여됩니다. 그 다음 시험을 신청하고, 평균 70점 이상 득점하면 자격증을 취득할 수 있습니다.

Q2 소방안전관리자 2급 시험에서 면제되는 기준이 있나요?

A2 시험은 절대 면제되는 경우가 없고, 강습 교육은 다음 사항에 한 개라도 해당한다면 면제됩니다. 강습 교육이 면제되면 바로 시험을 신청할 수 있습니다.

- 소방 관련 학과에서 6학점 이상 이수
- 소방관 1년 이상 근무
- 의용소방대 3년 이상 근무
- 군부대 소방대원 1년 이상 근무
- 경찰공무원 3년 이상 근무
- 소방안전관리보조자 3년 이상 근무
- 건축사, 산업안전기사, 산업안전산업기사, 건축기사, 건축산업기사, 일반기계기사전기기능장, 전기기사, 전기산업기사, 전기공사기사, 전기공사산업기사, 건설안전기사, 건설안전산업기사 자격증 중 한 개라도 취득한 사람

소방안전관리자 2급 준비를 위한 Q&A

Q3 4050 세대가 소방안전관리자 시험에 많이 응시하는 이유는 무엇인가요?

A3 소방안전관리자는 시설 관리에 있어 관리자의 필수 자격증입니다. 보통 시설관리자를 채용 할 때 소방안전관리자 자격증과 전기 관련 자격증이 있는 사람을 채용합니다. 시설 관리에 있어 자격증은 겸직(두 종류의 자격증으로 한정, 세 종류의 자격증 겸직은 안 됨)이 가능하기 때문에 소방과 전기 관련 자격증을 함께 가지고 있으면 매우 유리합니다. 따라서 은퇴를 앞두고 제2의 삶을 준비하는 분들에게 소방안전관리자는 필수 자격증 중 하나입니다.

Q4 소방안전관리자 3급도 이 책으로 준비가 가능한가요?

A4 2급의 내용이 3급의 내용을 모두 포함하고 있으므로 3급 시험을 준비하는 사람도 이 교재로 시험 준비를 하면 많은 도움이 될 것입니다.

Q5 건물주가 소방안전관리자를 따면 도움이 되나요?

A5 스프링클러가 설치되지 않은 2급 건물 및 3급 건물은 상시 관리인을 두기 힘든 경우가 많습니다. 매달 지출되는 관리 비용도 비용이지만, 누구나 쉽게 손볼 수 있는 소방기기도 업체에 맡기면 비용이 만만치 않기 때문입니다. 특히 3급 건물 건물주는 소방안전관리자를 직접 취득하여 자체 관리하는 것을 추천합니다.

Q6 소방안전관리자에 관련된 기타 궁금한 점은 어디에 문의하면 되나요?

A6 소방안전원 대표전화 1899-4819로 문의하기 바랍니다.

1강 강의 영상

소방 관계 법령 및 관리자 선임

개념 핵심 포인트

소방대

소방공무원, 의무소방원, 의용소방대원 암기 : 소, 의, 의 ☆☆☆

소방안전원 업무

1. 안전 교육 및 조사 연구
2. 안전 관리 관련 각종 간행물 발간
3. 화재 예방과 안전 관리 의식 대국민 홍보
4. 방염 물품 등을 행정기관에 위탁하는 소방 업무
5. 소방 안전에 관한 국제 협력

소방기본법 목적

1. 화재 예방, 경계·진압
2. 위급 상황시 구조
3. 생명 및 재산 보호
4. 질서 안녕 유지(공공의 복리 증진O, 사회와 기업의 복리 증진 X)

소방기본법 용어

1. **소방대상물** : 건축물, 차량, 항구에 매어 둔 선박, 선박 건조 구조물
2. **관계인(소방 행위 주체)** : 소유자, 관리자(관리소장 등), 점유자(임차인)

   ➡ 주의 저당권자는 해당하지 않는다.

1강 소방 관계 법령 및 관리자 선임

★ 01 **다음 중 소방법의 목적이 아닌 것을 고르시오.**

① 화재 예방, 경계, 진압과 재난, 재해 및 위급한 상황에서의 구조 및 구급 활동

② 국민의 생명 및 재산을 보호

③ 공공의 안녕 및 질서 유지와 복리 증진에 이바지함

④ 사회와 기업의 복리 증진

정답 및 해설

01. ④

해 소방기본법의 목적은 화재 예방과 경계·진압, 위급 상황 시 구조, 생명 및 재산 보호, 질서 안녕 유지, 공공의 복리 증진이다.

02 소방기본법에 명시된 '소방대상물'이 아닌 것을 고르시오.

① 산림
② 차량
③ 건축물
④ 공해(公海)상의 선박

03 소방기본법에서 규정한 용어에 대한 설명 중 옳지 않은 것을 고르시오.

① 산림은 소방대상물에 해당한다.
② 점유자는 관계인에 해당한다.
③ 피난층은 곧바로 피난할 수 있는 출입구가 있는 층을 말한다.
④ 특정소방대상물은 소방 시설을 설치해야 하는 대상물이다.

정답 및 해설

02. ④

해 소방대상물은 건축물, 차량, 항구에 매어 둔 선박, 선박 건조 구조물을 말한다.
➡ 항해 중인 선박은 소방대상물이 아니다.

03. ③ 소방안전원 교재 40p 참조

해 피난층은 곧바로 지상 즉, 건물 밖으로 나갈 수 있는 출입구가 있는 층을 말한다.

04 소방대상물의 관계인이 아닌 것을 고르시오.

① 소유자 ② 관리자

③ 저당권자 ④ 임차사용자(점유자)

05 화재를 진압하고 구급 활동을 하는 소방대가 아닌 것을 고르시오.

① 소방공무원

② 의무소방원

③ 의용소방대원

④ 자체소방대원

정답 및 해설

04 ③

해 소방대상물의 관계인(소방 행위 주체)은 소유자, 관리자(관리소장 등), 점유자를 말한다.

05 ④

해 소방대란 화재를 진압하고 화재, 재난, 재해, 그밖의 위급한 상황에서 구조·구급 활동 등을 위하여 다음 각 항목의 사람으로 구성된 조직을 말한다.

암기 : 소, 의, 의 ☆☆☆

(1) 소방공무원 (2) 의무소방원 (3) 의용소방대원

화재를 진압하고 구급 활동을 하는 소방대가 아닌 것을 고르시오.

① 소방공무원

② 의무소방원

③ 경찰공무원

④ 의용소방대원

정답 및 해설

06 ③

해 소방안전원 강습 교재에 나와 있는 문제를 약간 변형한 형태다. 하지만 소방공무원, 의무소방원, 의용소방대원 즉, 암기 : 소, 의, 의 ☆☆☆ 로 외우는 것은 동일하다.

07 다음 중 소방안전원의 업무가 아닌 것을 고르시오.

① 안전 교육 및 조사 연구

② 안전 관리 각종 간행물 발간

③ 소방 안전 국제 협력

④ 소방 방염물 성능 검사

정답 및 해설

07 ④

해 **소방안전원의 업무** ➡ 방염물 성능 검사 X, 위험물 안전 관리 연구 조사 X

1) 소방 기술과 안전 관리에 관한 교육 및 조사·연구
2) 소방 기술과 안전 관리에 관한 각종 간행물 발간
3) 화재 예방과 안전 관리 의식 고취를 위한 대국민 홍보
4) 소방 업무에 관하여 행정 기관이 위탁하는 업무
5) 소방안전에 관한 국제 협력
6) 그 밖에 회원에 대한 기술 지원 등 정관으로 정하는 사항

개념 핵심 포인트

급수별 소방 관리 대상물

	특급	1급	2급
특정 대상물	• 층수 : 30층 이상 (지하 포함) • 높이 : 120m 이상 • 연면적 : 10만㎡ 이상	• 층수 : 11~29층 • 연면적 : 15,000㎡ 이상	• 옥내소화전 • 스프링클러(간이 포함) 공동주택
예외(아파트)	• 층수 : 50층 이상 • 높이 : 200m 이상	• 층수 : 30층 이상 • 높이 : 120m 이상	• 목조 건축물 (국보, 보물)
기타		• 가연성 가스 1,000톤 이상 저장 취급 시설	• 가연성 가스 100톤 이상 저장 취급 시설 • 지하구 • 목조 건축물(국보, 보물)

소방안전관리보조자를 두는 대상물

1. 300세대 이상마다 1명 추가 선임
2. 연면적 15,000㎡ 이상마다 1명 추가 선임
3. 숙박·의료·노유자·수련 시설·공동 주택(기숙사) 등

소방안전관리자와 보조자의 선임과 신고 기간

선임은 30일 이내, 선임 신고는 14일 이내

1. 완공일, 해당 권리 취득일
2. 공동소방안전관리자 지정일
3. 관계인 또는 자격자로 선임
4. 특급 및 1급은 연면적 15,000㎡ 이상 또는 아파트에는 업무 대행 불가

• 신고는 소방본부장 또는 소방서장에게 한다.

소방 관리 업무 대행 대상물

1~3급인 경우에도 연면적 15,000㎡ 미만인 소방 시설의 유지 관리, 피난, 방화 시설의 유지 관리 업무를 대행 가능(아파트 불가)하다.

★★ 08

소방안전관리보조자를 두어야 하는 대상물이 아닌 것을 고르시오.

① 310세대인 아파트

② 연면적 1,500㎡인 노유자 시설

③ 연면적 150㎡인 수련 시설

④ 연면적 10,000㎡인 업무 시설

연면적 40,000㎡인 특정 소방대상물의 관리자와 관리보조자의 최소 선임 기준을 고르시오.

① 1급 소방안전관리자 :1명, 소방안전관리보조자 :1명

② 1급 소방안전관리자 :1명, 소방안전관리보조자 :2명

③ 2급 소방안전관리자 :1명, 소방안전관리보조자 :1명

④ 2급 소방안전관리자 :1명, 소방안전관리보조자 :2명

정답 및 해설

08 ④

해 연면적 15,000㎡ 이하의 건축물은 소방안전관리보조자를 선임해야 할 대상물이 아니다. 반면, 노유자(노인 시설 및 유아동 시설), 청소년 수련 시설, 300세대 이상의 아파트는 소방안전관리보조자를 반드시 선임해야 한다.

09 ②

해 15,000㎡ 이상 10만㎡ 미만 시설로, 1급 소방안전관리자 1명이 필요하다.

$$\frac{40,000}{15,000} = 2.66\text{명}$$(소수점 내림)

즉, 소방안전관리보조자는 2명이 필요하다.

★★★ 10

연면적 7,800㎡에 7층 자동화재탐지 설비가 설치된 병원은 몇 급의 소방안전관리자와 보조자를 두어야 하는지 고르시오.

① 2급 소방안전관리자 :1명, 소방안전관리보조자 : 1명

② 2급 소방안전관리자 :1명, 소방안전관리보조자 : 2명

③ 1급 소방안전관리자 :1명, 소방안전관리보조자 : 1명

④ 1급 소방안전관리자 :1명, 소방안전관리보조자 : 2명

★★★ 11

1,900세대 아파트에 선임해야 하는 소방관리보조자의 최소 인원을 고르시오.

① 4명　② 5명

③ 6명　④ 7명

정답 및 해설

10 ①

해 15,000㎡ 미만이므로, 소방안전관리자 2급은 1명이 필요하다.
연면적에 상관없이 24시간 운영되는 건물이므로, 소방안전관리보조자는 1명이 필요하다.

11 ③

해 $\frac{1,900}{300}$ = 6.33명(소수점 내림)
즉, 소방안전관리보조자는 6명이 필요하다.
(아파트의 경우 300세대마다 1명)

★★ 12

소방 시설 관리업에 등록한 자로 하여금 업무 대행을 할 수 없는 대상물을 고르시오.

① 지상층의 층수가 11층이고, 연면적이 15,000㎡인 대상물

② 지상층의 층수가 6층이고, 자동화재탐지 설비가 설치된 대상물

③ 옥내소화전 설비, 스프링클러 설비가 설치된 지상층의 층수가 10층인 대상물

④ 지상층의 층수가 15층이고, 연면적이 10,000㎡인 대상물

★★ 13

특정 소방대상물의 급수에 대한 설명으로 옳지 않은 것을 고르시오.

① 지상층의 층수가 50층 이상인 아파트는 특급이다.

② 지하층을 제외하고 30층 이상인 아파트는 1급이다.

③ 가연성 가스를 100톤 이상, 1,000톤 미만 저장·취급하는 시설은 2급이다.

④ 국보로 지정된 목조 건축물은 3급이다.

정답 및 해설

12 ①

해 ①은 15,000㎡ 이상인 건물로 대행이 불가하다. ②와 ③은 2급 건물이므로 대행이 가능하다. ④는 1급이지만, 15,000㎡ 미만이므로 대행이 가능하다.

13 ④

해 목조 건축물은 2급으로 국보 및 보물을 포함한다.

★★ 14 **특정 소방대상물의 급수에 대한 설명으로 옳지 않은 것을 고르시오.**

① 30층 이상의 아파트는 특급 소방대상물이다.

② 아파트가 아니고 지상층의 층수가 11층 이상인 대상물은 1급이다.

③ 가연성 가스를 100톤 이상, 1,000톤 미만 저장·취급하는 시설은 2급이다.

④ 간이 스프링클러 설비 또는 자동화재탐지 설비를 설치하는 대상물은 최소 3급이다.

★ 15 **소방안전관리자 선임 기간으로 옳은 것을 고르시오.**

① 14일 이내 ② 30일 이내

③ 10일 이내 ④ 7일 이내

정답 및 해설

14 ①

해 특급 소방대상물 아파트는 50층 이상이다.

➡ 30층 이상 일반 건물은 특급이다.

15 ②

해 선임은 완공 후 30일 이내에 한다. 참고로 선임 신고는 14일 이내에 소방본부장 혹은 소방서장에게 한다.

16 소방안전관리자 선임 후 선임 신고 기간으로 옳은 것을 고르시오.

① 14일 이내
② 30일 이내
③ 10일 이내
④ 7일 이내

17 다음 설명에 알맞는 선임 대상을 고르시오.

- 연면적 15,000㎡ 이상인 것
- 연면적 5,000㎡ 이상, 지하 2층 이상, 지상 11층 이상인 것
- 냉동 창고, 냉장 창고 또는 냉동-냉장 창고
- 신축, 증축, 개축, 재축, 이전, 용도 변경, 대수선을 하려는 건축물

① 1급 소방안전관리자
② 특급 소방안전관리자
③ 2급 소방안전관리자
④ 건설 현장 소방안전관리자

정답 및 해설

16 ①

해 선임은 완공 후 30일 이내에 한다. 선임 신고는 14일 이내에 소방본부장 혹은 소방서장에게 한다.

17 ④

해 2023년 소방 법령이 개정되면서 건설 현장 소방안전관리자에 대한 내용이 신설되었다. 2023년 개정된 법령을 통해 건설 현장에도 소방안전관리자의 선임이 의무화되는 추세이다. 이를 통해 소방 안전이 더욱 엄격하게 강화되어 간다는 것을 알 수 있다.

★★ 18

건설 현장 소방안전관리자에 대한 설명으로 옳지 않은 것을 고르시오.

① 연면적 10,000㎡ 이상인 건축물

② 냉동 창고, 냉장 창고 또는 냉동·냉장 창고

③ 신축, 증축, 개축, 재축, 이전, 용도 변경, 대수선을 하려는 건축물

④ 연면적 5,000㎡ 이상, 지하 2층 이상, 지상 11층 이상인 것

★★ 19

특정 소방대상물의 소방안전관리자의 역할이 아닌 것을 고르시오.

① 화기 취급의 감독

② 자위 소방대 구성 및 위탁 교육

③ 소방계획서 작성

④ 화재 발생 시 초기 대응

정답 및 해설

18 ①

해 연면적 15,000㎡ 이상인 건축물에 소방안전관리자를 선임한다.

19 ②

해 소방안전관리자의 역할은 첫째, 피난 시설 및 방화 구획 관리 둘째, 소방 훈련 및 교육 셋째, 소방안전 관리에 필요한 업무 등이다.
소방안전관리자는 자위 소방대 구성 및 운영을 담당하지만, 위탁 교육과는 관련이 없다.

★★ 20

특정 소방대상물의 관계인 역할이 아닌 것을 고르시오.

① 화기 취급의 감독

② 피난 시설, 방화 구획 관리

③ 소방계획서 작성 및 시행

④ 소방 시설 등의 관리

★★★ 21

특정 소방대상물에 소방안전관리자를 2023년 10월 1일에 해임하였다. 다시 선임해야 하는 날짜와 신고일로 옳은 것을 고르시오.

① 선임일 : 2023년 10월 15일, 선임 신고일 : 2023년 11월 14일

② 선임일 : 2023년 10월 20일, 선임 신고일 : 2023년 11월 1일

③ 선임일 : 2023년 11월 1일, 선임 신고일 : 2023년 11월 20일

④ 선임일 : 2023년 10월 25일, 선임 신고일 : 2023년 11월 14일

정답 및 해설

20 ③

해 특정 소방대상물 관계인의 역할은 첫째, 피난 시설과 방화 구획 관리이고 둘째, 화기 취급 관리이며 셋째, 화재 발생 시 초기 대응이다.

21 ②

해 해임한 소방안전관리자는 30일 이내에 다시 선임해야 하므로 10월 30일 이전까지 선임해야 하고, 선임한 날로부터 14일 이내에 신고해야 한다.

★★
22 **특정 소방대상물의 소방안전관리자의 업무가 아닌 것을 고르시오.**

① 화기 취급의 감독

② 피난 계획에 대한 사항과 대통령령으로 정하는 사항을 제외한 소방계획서 작성 및 시행

③ 소방 시설 및 소방 관련 시설 관리

④ 소방 훈련 및 교육

★
23 **소방청장, 소방본부장, 소방서장이 관계인의 건물에 조치 명령할 수 없는 것을 고르시오.**

① 재축
② 개수
③ 이전
④ 제거

정답 및 해설

22 ②

해 대통령령으로 정하는 사항을 "제하고"가 아니라 "포함하여"가 맞다. 소방안전관리자의 역할은 첫째, 피난 시설 및 방화 구획 관리이고 둘째, 소방 훈련 및 교육이며 셋째, 소방 안전 관리에 필요한 업무 등이다.

23 ①

해 소방청장, 소방본부장 또는 소방서장은 "개수, 이전, 제거" 조치를 명령할 수 있다. (재축은 다시 건물을 짓는 것을 말하며, 개수는 건축물 등의 열화된 일부 또는 전체를 초기 성능이나 기능을 향상시키기 위한 전면적인 수선을 뜻한다.)

24 화재 안전 조사에 대한 설명으로 옳은 것을 고르시오.

① 화재 안전 조사에는 위험물 제조, 저장, 취급 등 안전 관리 사항이 포함된다.

② 관계 공무원에게 소방 관리 상황을 조사하게 한다.

③ 한국석유공사와 합동 조사반을 편성하여 조사한다.

④ 소방관서장이 소방대상물, 관계 지역 또는 관계인에 대하여 소방 시설 등이 소방 관계 법령에 적합하게 설치 및 관리되고 있는지, 소방대상물에 화재 발생 위험이 있는지 등을 조사하는 것을 말한다.

정답 및 해설

24 ④

해 **화재 안전 조사란?**

소방청장, 소방본부장 또는 소방서장이 소방대상물, 관계 지역 또는 관계인에 대하여 소방 시설 등이 소방 관계 법령에 적합하게 설치·관리되고 있는지, 소방대상물에 화재 발생 위험이 있는지 등을 확인하기 위하여 실시하는 현장 조사·문서 열람·보고 요구 등을 하는 활동이다.

★★
25

층수가 20층인 특정 소방대상물(아파트가 아님)과 급수가 같은 관리 대상물이 아닌 것을 고르시오.

① 높이가 130m인 아파트

② 30층(지하층 포함)인 아파트

③ 연면적 16,000㎡인 소방 대상물(아파트가 아님)

④ 가연성 가스 1,200톤의 저장 시설

정답 및 해설

25 ②

해 층수가 20층인 특정 소방대상물은 1급 소방안전 관리 대상물이다. 30층 이상인 아파트는 1급 대상 건물이지만, 지하층을 포함하지 않아야 한다.

각종 벌금 및 과태료

개념 핵심 포인트

과태료와 벌금의 차이

과태료는 주차 위반처럼 규정을 위반했을 때 내리는 처벌로 전과 기록에 남지 않는다. 하지만 벌금은 징벌적인 형벌로 전과에 기록된다. 벌금은 관리자와 행위자 모두를 처벌하는 양벌규정도 적용된다.

소방 관련 과태료 및 벌금

구분	과태료(질서벌)	벌금(형벌·양벌 규정 적용)
5년 이하 징역 혹은 5,000만 원 이하		• 소방차 출동 방해, 소방대원 폭행(고의) • 화재 현장 인명 구조 방해(고의) 화재 현장 진화 방해(폭력 사용) • 소방 시설 기능 및 성능에 지장을 주는 폐쇄 • 정당한 사유 없이 소방용수 시설 사용
3년 이하 징역 혹은 3,000만 원 이하		• 소방 시설물 강제 처분 방해 • 소방특별조사 결과 조치 명령 위반 • 자체 점검 결과 이행 계획 미이행
1년 이하 징역 또는 1,000만 원 이하		• 화재 예방 안전 진단 미실시 • 소방 시설 자체 점검 미실시 • 소방 자격증 대여
500만 원 이하	• 화재, 구조, 구급 등 거짓 (예:장난전화) 등	
300만 원 이하	• 화재 예방 조치 위반 • 소방안전관리자 겸직 (특정 소방물) • 소방 훈련 교육 미실시 • 소방 시설 미설치 • 업무 태만, 검사 미보고	• 소방안전관리자·보조자 미선임 • 소방대상물 처분 방해 또는 미처분자 • 화재안전조사 거부 및 방해 • 중대 위반 사항 미보고 (예:소방 펌프 고장) • 소방관리자에게 불이익한 처분을 한 관리인

개념 핵심 포인트

구분	과태료(질서벌)	벌금(형벌·양벌 규정 적용)
200만 원 이하	• 소방차 출동 지장 (예: 방해 시 5,000만) • 소방관리자 선임 미신고 • 소방안전원과 유사한 명칭 사용 • 건설 현장 소방관리자 선임 미신고 • 소방 훈련 및 교육 결과 미제출	
100만 원 이하	• 소방자동차 전용 구역 주차 및 진로 방해 • 실무 교육을 받지 않은 관리자	• 소방차 도착 전까지 화재 진화 미조치 • 피난 명령 위반 • 물이나 수도 조작 방해 • 긴급 조치 방해 • 소방대 활동 방해
20만 원 이하	• 연막 소독 미신고 실시 (소방차 출동) • 시장·공장·창고·목조 건물·위험물 저장 시설 밀집 지역	

가중 처벌

소방 시설의 폐쇄 행위는 5년 이하 혹은 5,000만 원 이하 벌금이지만 가중 처벌이 적용된다. 이는 2023년에 강화된 법령이다.

- **상해** : 7년 이하 징역 혹은 7,000만 이하 벌금
- **사망** : 10년 이하 징역 혹은 1억 이하 벌금

2강 각종 벌금 및 과태료

26 화재 또는 구조 및 구급이 필요한 상황을 거짓으로 알렸을 때의 과태료를 고르시오.

① 500만 원 이하

② 200만 원 이하

③ 100만 원 이하

④ 20만 원 이하

정답 및 해설

26 ①

해 **500만 원 이하 벌금은 단 하나!**

화재 또는 구조, 구급이 필요한 상황을 거짓으로 알렸을 때 뿐이다.

소방 시설 등에 대한 자체 점검을 하지 않았을 때의 벌칙을 고르시오.

① 5년 이하 징역 또는 3,000만 원 이하 벌금

② 3년 이하 징역 또는 1,500만 원 이하 벌금

③ 1년 이하 징역 또는 1,000만 원 이하 벌금

④ 300만 원 이하 벌금

정답 및 해설

27 ③

해 소방 시설 등의 자체 점검 위반은 1,000만 원 이하 벌금 또는 1년 이하 징역에 처한다.

★ 28 **5년 이하 징역 또는 5,000만 원 이하 벌금에 해당하는 행위를 한 사람이 아닌 것을 고르시오.**

① 소방자동차의 출동을 고의로 방해한 사람

② 사람을 구출하는 일 또는 불을 끄거나 불이 번지지 않도록 하는 일을 방해한 사람

③ 정당한 사유 없이 소방용수 시설이나 비상소화 장치를 사용 또는 소방용수 시설이나 비상소화 장치의 효용을 해하거나 그 정당한 사용을 방해한 사람

④ 소방 시설 등에 대한 자체 점검을 실시하지 않은 사람

정답 및 해설

28 ④

해 (소방기본법 제50조) 5년 이하 징역 혹은 5,000만 원 이하 벌금은 화재 시 소방 활동에 있어 매우 중대한 방해 행위를 했을 때의 처벌이다.

다음 중 양벌규정에 해당하지 않는 것을 고르시오.

① 화재 또는 구조가 필요한 상황을 거짓으로 알린 사람

② 소방차의 출동을 방해한 사람

③ 정당한 사유 없이 소방용수 시설을 사용한 사람

④ 피난 명령을 위반한 사람

정답 및 해설

29 ①

해 ①은 양벌규정(벌금형 이상)이 아닌 과태료에 해당한다. 화재 또는 구조가 필요한 상황을 거짓으로 알린 사람에게는 500만 원 이하 과태료가 부과된다. 대표적인 예로 소방서에 장난전화를 하는 행위 등을 말한다.

소방기본법의 벌칙 사항으로 옳은 것을 고르시오.

① 화재 상황을 거짓으로 알린 사람은 100만 원 이하 벌금에 처한다.
② 시장 지역에서 연막 소독을 실시하고자 하는 자가 신고를 하지 않아 소방자동차를 출동하게 한 사람은 20만 원 이하 과태료에 처한다.
③ 소방대가 화재 진압 등을 위해 현장에 출동하는 것을 고의로 방해한 사람은 3년 이하 징역 또는 3,000만 원 이하 벌금에 처한다.
④ 피난 명령을 위반한 사람은 200만 원 이하 과태료에 처한다.

정답 및 해설

30 ②

해 ①의 화재 상황을 거짓으로 알린 사람은 500만 원 이하 과태료에 처한다.
③은 고의 방해에 해당하며, 5년 이하 혹은 5,000만 원 이하 벌금에 처한다.
④의 피난 명령을 위반한 사람은 100만 원 이하 벌금에 처한다.

31 소방차의 통행을 고의로 방해한 사람의 벌칙을 고르시오.

① 5년 이하 징역 또는 5,000만 원 이하 벌금

② 3년 이하 징역 또는 3,000만 원 이하 벌금

③ 1년 이하 징역 또는 1,000만 원 이하 벌금

④ 300만 원 이하 벌금

★★ **32** 다음 중 벌금이 가장 큰 행위를 고르시오.

① 정당한 사유 없이 긴급조치를 방해하는 행위

② 소방안전관리자 자격증을 대여하는 행위

③ 소방안전관리자를 선임하지 않은 경우

④ 소방차의 출동을 방해하는 행위

정답 및 해설

31 ①

해 **소방안전원 교재 16p 참조** (소방기본법 제50조)
소방차 출동을 고의로 방해한 자와 지장을 준 자를 구분해야 한다.

32 ④

해 ①은 100만 원 이하 벌금에 해당한다. ②는 1년 혹은 1000만 원 이하 벌금에 해당한다. ③은 300만 원 이하 벌금에 해당한다.

연막 소독 미신고로 인한 화재로 오인해 소방차가 출동 시 벌칙을 고르시오.

① 20만 원 이하 과태료

② 100만 원 이하 과태료

③ 200만 원 이하 과태료

④ 100만 원 이하 벌금

다음 중 5년 이하 징역 또는 5,000만 원 이하 벌금에 해당하지 않는 것을 고르시오.

① 화재 발생 시 소방대상물의 강제 처분 방해

② 소방대의 화재 진압, 인명 구조를 방해

③ 소방대원 폭행, 협박 등 구조·구급 활동을 방해

④ 소방자동차의 출동을 방해

정답 및 해설

33 ①

해 20만 원 이하의 과태료는 연막 소독 미신고뿐이다.

34 ①

해 소방대상물의 강제 처분 방해는 3년 혹은 3,000만 원 이하 벌금이다.

다음 중 300만 원 이하의 벌금 아닌 것을 고르시오.

① 소방안전관리자, 보조자 등을 선임하지 아니한 자

② 화재 안전 조사를 정당한 이유 없이 거부, 방해한 자

③ 특정 소방대상물의 소방안전관리 업무를 수행하지 않은 관계자

④ 소방안전관리자에게 불이익한 처분을 한 관계자

다음 중 100만 원 이하의 벌금이 아닌 것을 고르시오.

① 소방대의 생활 안전 활동을 방해하는 행위

② 소방대가 현장에 도착할 때까지 사람을 구출하는 조치 또는 불을 끄는 등의 조치를 하지 않은 대상물의 관리자

③ 소방대의 화재 진압, 인명 구조를 방해하는 행위

④ 피난 지시가 있었을 때, 피난 명령을 위반하는 행위

정답 및 해설

35 ③

해 특정 소방대상물의 소방안전관리 업무를 수행하지 않은 관계자는 300만 원 이하 과태료 처분이다.

36 ③

해 소방대의 화재 진압, 인명 구조를 방해하는 행위는 5년 혹은 5,000만 원 이하 벌금형이다.

37 다음 중 200만 원 이하 과태료가 아닌 것을 고르시오.

① 소방차 출동에 지장을 준 행위

② 소방안전원과 유사한 명칭을 사용한 행위

③ 정해진 기간 내에 소방안전관리자를 선임하지 않은 행위

④ 소방 훈련 교육을 실시하고 결과를 보고하지 않은 행위

정답 및 해설

37 ③

해 소방안전관리자 미신고 시에는 200만 원 이하 과태료, 선임하지 않은 경우는 300만 원 이하 벌금이다.

★★★ 38

다음 <보기>에서 벌금(혹은 과태료) 금액이 큰 순서부터 작은 순서로 바르게 나열된 것을 고르시오.

> **<보기>** ㄱ. 소방 시설을 차단, 폐쇄 행위를 한 자
> ㄴ. 소방 시설 점검 등을 실시하지 않은 자
> ㄷ. 피난 명령을 위반한 자
> ㄹ. 화재 안전 조사를 정당한 이유 없이 거부, 방해한 자

① ㄱ-ㄴ-ㄷ-ㄹ

② ㄱ-ㄴ-ㄹ-ㄷ

③ ㄱ-ㄷ-ㄹ-ㄴ

④ ㄱ-ㄹ-ㄷ-ㄴ

정답 및 해설

38 ②

해 ㉠은 5년 이하 징역 또는 5,000만 원 이하 벌금
㉡은 1년 이하 징역 또는 1,000만 원 이하 벌금
㉢은 100만 원 이하 벌금
㉣은 300만 원 이하 벌금

★★ 39

다음 중 100만 원 이하 과태료에 해당하는 것은?

① 정당한 사유 없이 물, 수도 등의 사용 또는 조작을 방해하는 행위
② 피난 명령을 위반하는 행위
③ 소방대 도착 전 구조 활동이나 불을 끄는 행위를 하지 않은 관계자
④ 소방차 전용 구역에 주차하거나 전용 구역의 진입을 가로막는 행위

★★ 40

다음 중 가장 높은 벌칙에 해당하는 것을 고르시오.

① 피난 명령을 위반하는 행위
② 긴급조치를 정당한 사유 없이 방해하는 행위
③ 화재 안전 조사를 정당한 사유 없이 기피하는 행위
④ 정당한 사유 없이 물, 수도 등의 사용 또는 조작을 방해하는 행위

정답 및 해설

39 ④

해 ④는 100만 원 이하 과태료이고, 나머지 3개의 보기는 100만 원 이하 벌금이다.

40 ③

해 ③은 300만 원 이하 벌금에 해당하고 ①, ②, ④는100만 원 이하 벌금에 해당한다.

41 각각 위반 행위의 과태료가 잘못 짝지어진 것을 고르시오.

① 소방차 전용 구역으로의 진입을 가로막는 행위 : 100만 원 이하 과태료

② 허가 없이 소방 활동 구역에 출입하는 행위 : 200만 원 이하 과태료

③ 화재 및 구급 상황을 거짓으로 알리는 행위 : 500만 원 이하 과태료

④ 소방안전관리자의 선임 신고를 하지 않은 행위 : 300만 원 이하 과태료

정답 및 해설

41 ④

해 소방안전관리자의 미선임은 300만 원 이하의 벌금(30일 이내 선임)에 해당하며, 소방안전관리자의 선임 후 미신고는 200만 원 이하의 과태료(14일 이내 신고)에 해당한다.

다음 중 300만 원 이하 과태료가 아닌 것을 고르시오.

① 소방 시설을 안전 기준에 따라 관리하지 않은 행위

② 화재 예방 조치 명령을 정당한 사유 없이 따르지 않거나 방해하는 행위

③ 소방 훈련 교육을 실시하지 않은 행위

④ 소방안전관리자가 특정 소방대상물을 겸직하는 행위

정답 및 해설

42 ②

해 화재 예방 조치의 미이행은 300만 원 이하 벌금으로 더 강한 처벌이다.

43 다음 중 양벌규정이 적용되지 않는 상황을 고르시오.

① 소방안전관리자의 자격증을 대여한 경우

② 화재 예방 조치 명령을 정당한 사유 없이 따르지 않거나 방해한 경우

③ 정당한 사유 없이 소방용수 시설을 사용한 경우

④ 소방안전관리자가 특정 소방 대상물을 겸직하는 경우

정답 및 해설

43 ④

해 ④는 300만 원 이하 과태료이다. ①의 자격증 대여는 1년 이하 징역 또는 1,000만 원 이하 벌금, ②의 화재 예방 조치의 미이행은 300만 원 이하 벌금, ③의 소방용수 시설 무단 사용은 5년 이하 징역 혹은 5,000만 원 이하 벌금에 해당한다.

44 다음 중 가장 무거운 형벌이 적용되는 행위를 고르시오.

① 소방안전관리자의 자격증을 대여한 경우

② 화재 예방 조치 명령을 정당한 사유 없이 따르지 않거나 방해하는 경우

③ 정당한 사유 없이 소방용수 시설을 사용한 경우

④ 소방안전관리자가 특정 소방대상물을 겸직하는 경우

정답 및 해설

44 ③

해 ①의 자격증 대여는 1년 이하 징역 또는 1,000만 원 이하 벌금에 해당한다.
②의 화재 예방 조치의 미이행은 300만 원 이하 벌금에 해당한다.
④는 300만 원 이하 과태료에 해당한다.
③의 소방용수 시설 무단 사용은 5년 이하 징역 혹은 5,000만 원 이하 벌금에 해당한다.

45 다음 중 가장 무거운 형벌이 적용되는 행위를 고르시오.

① 소방차의 진입을 고의로 방해한 경우

② 소방대원에 폭력을 행사한 경우

③ 정당한 사유 없이 소방용수 시설을 사용한 경우

④ 소방 시설을 폐쇄, 차단하여 화재 시 인명을 상해에 이르게 한 경우

정답 및 해설

45 ④

해 ④는 7년 이하 징역 혹은 7,000만 원 이하 벌금에 해당한다.

➡ 예 사망 시에는 10년 이하 징역 혹은 1억 원 이하 벌금에 해당한다.

나머지는 모두 5년 이하 징역 혹은 5,000만 원 이하 벌금에 해당한다.

다음 중 양벌규정의 적용을 받지 않는 것을 고르시오.

① 500만 원 이하 과태료

② 300만 원 이하 벌금

③ 100만 원 이하 벌금

④ 징역 1년 이하 징역 또는 1,000만 원 이하 벌금

정답 및 해설

46 ①

해 벌금은 양벌규정이 적용된다. 양벌규정이란 관리자와 행위자 모두를 처벌하는 것을 말한다. 따라서 벌금 이상의 형벌을 찾으면 정답이다.

소방 시설과 방염 및 관리자 실무 교육

개념 핵심 포인트

무창층이란?

지상층 중 다음 요건을 모두 갖춘 개구부(건축물에서 채광, 환기, 통풍 또는 출입 등을 위하여 만든 창 출입구, 또는 이와 비슷한 것) 면적의 합계가 해당 층의 바닥면적 30분의 1 이하가 되는 층을 말한다.

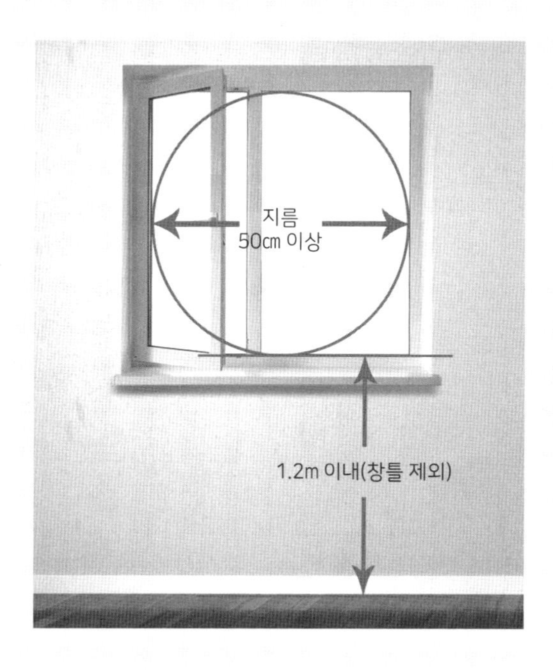

① 크기는 지름 50㎝ 이상의 원이 통과할 수 있을 것
② 해당 층의 바닥면으로부터 개구부 밑 부분까지의 높이가 1.2m 이내일 것
③ 도로 또는 차량이 진입할 수 있는 빈터를 향할 것
④ 화재 시 건축물로부터 쉽게 피난할 수 있도록 창살이나 그밖의 장애물이 설치되지 않을 것
⑤ 내부 또는 외부에서 쉽게 부수거나 열 수 있을 것

피난층이란?

곧바로 지상으로 갈 수 있는 층(1층으로 갈 수 있는 층이 아님)을 말한다.

3강 소방 시설과 방염 및 관리자 실무 교육

★★
47 무창층에 해당하는 것을 고르시오.

① 창문이 없는 층이나 그 층의 일부를 이루는 실

② 지하층의 명칭

③ 직접 지상으로 통하는 출입구나 개구부가 없는 층

④ 지상층 중 개구부의 연면적 합계가 그 층의 바닥면적 30분의 1 이하가 되는 층

정답 및 해설

47 ④

해 무창층은 지름 50㎝ 이상, 높이 1.2m 이내이어야 한다. 또한 무창층은 바닥 면적의 합계가 해당 층 바닥면적의 30분의 1 이하가 되는 층이어야 한다.

➡ 암기 : 무창층에 대한 위의 숫자들을 꼼꼼히 암기하자! 출제 빈도가 매우 높다! ☆☆☆

★★★ 48

다음은 무창층에 대한 설명이다. 괄호 안에 들어갈 낱말로 알맞게 짝지은 것을 고르시오.

개구부 면적의 합계가 해당 층 바닥면적의 30분의 1 (   ) 가 되는 층이다. 크기는 지름 50㎝ (   )의 원이 내접할 수 있는 크기여야 한다.

① 이하, 미만
② 이상, 초과
③ 이하, 이상
④ 이상, 미만

정답 및 해설

48 ③

해 무창층은 바닥면적 30분의 1 이하, 지름 50㎝ 이상의 원이 내접할 수 있는 크기여야 한다.

법률상 무창층이 되기 위한 개구부의 요건으로 옳지 않은 것을 고르시오.

① 크기는 지름 50㎝ 이상의 원이 내접할 수 있는 크기일 것

② 해당 층의 바닥면으로부터 개구부 밑부분까지 높이가 1.0m 이내일 것

③ 도로 또는 차량이 진입할 수 있는 빈터를 향할 것

④ 내부 또는 외부에서 쉽게 부수거나 열 수 있을 것

정답 및 해설

49 ②

㉻ 해당 층의 바닥면으로부터 개구부 밑부분까지 높이가 1.2m 이내여야 한다.

➡ **무창층은 창으로 사람이 쉽게 탈출하기 위한 시설이므로 높이는 1.2m이내, 지름이 50㎝ 이상의 원이 내접해야(사람이 빠져나갈 수 있는) 한다.**

★★
50
무창층의 개구부 기준으로 맞지 않은 것을 고르시오.

① 지름 50㎝ 이하의 원이 내접할 수 있는 크기일 것

② 화재 시 건물로부터 쉽게 피난할 수 있도록 개구부에 창살이나 그밖의 장애물이 설치되지 않을 것

③ 해당 층의 바닥면으로부터 개구부의 밑부분까지 높이가 1.2m 이내일 것

④ 내부 또는 외부에서 쉽게 부수거나 열 수 있을 것

★
51
피난층의 설명으로 옳은 것을 고르시오.

① 곧바로 지상으로 갈 수 있는 층

② 곧바로 1층으로 갈 수 있는 층

③ 건물의 1층만을 피난층으로 지정할 수 있다.

④ 지상에서 옥상으로 올라갈 수 있는 층

정답 및 해설

50 ①

해 무창층은 지름 50㎝ 이상의 원이 내접할 수 있는 크기여야 한다.

➡ 보기 지문에서 '이상'과 '이하'를 꼼꼼히 확인하자!

51 ①

해 피난층이란 곧바로 지상으로 갈수 있는 층을 말한다.

➡ 1층으로 갈 수 있는 층을 말하는 것이 아니다!

개념 핵심 포인트

소방안전관리자 실무 교육

1. 선임된 날부터 6개월 이내
2. 실무 교육부터 2년 이내(최초 실무 교육의 같은 날 전까지)
3. 강습, 실무 교육 후 1년 이내 선임된 경우
   (최초 교육 받은 날은 실무 교육을 받은 것으로 본다.)

화재 안전 조사

소방서장이 소방대상물, 관계 지역 또는 관계인에 대하여 소방 시설 등이 소방관계법령에 적합하게 설치·관리되고 있는지, 소방대상물에 화재 발생 위험이 있는지 등을 확인하기 위하여 실시하는 현장 조사, 문서 열람, 보고 요구 등을 하는 활동이다.

화재 예방 강화 지구

시, 도지사가 화재 발생 우려가 크거나 화재가 발생했을 때 피해가 클 것으로 예상되는 지역에 대하여 화재 예방 및 안전 관리를 강화하기 위해 지정 관리하는 지역이다.

화재 예방 안전 진단

화재가 발생했을 때 사회, 경제적으로 피해 규모가 클 것으로 예상되는 소방대상물에 대하여 화재 위험 요인을 조사하고, 그 위험성을 평가하여 개선 대책을 수립하는 것이다.

소방 특별 조사

화재 및 재난 예방, 개인의 경우 관계인의 승낙 혹은 화재 발생의 우려가 뚜렷할 때 실시한다.

★★★ 52

2023년 1월 10일 강습 교육 후 2023년 3월 2일 자격시험에 합격하고, 2023년 9월 1일 소방안전관리자로 선임된 사람의 다음 실무 교육일을 고르시오.

① 2024년 9월 1일 이전
② 2025년 1월 9일 이전
③ 2025년 10월 8일 이전
④ 2024년 2월 9일 이전

★★★ 53

2023년 5월 20일 강습 교육 후 2023년 7월 2일 자격 시험에 합격하고, 2023년 9월 1일 소방안전관리자로 선임된 사람의 실무 교육일을 고르시오.

① 2024년 9월 1일 이전
② 2025년 5월 20일 이전
③ 2025년 10월 8일 이전
④ 2024년 2월 9일 이전

정답 및 해설

52 ②

해 강습 교육 후 1년 이내에 선임이 되면 실무 교육을 받은 것으로 본다. 강습 교육을 2023년 1월 10일에 받고, 1년 이내 선임되었으므로 다음 실무 교육은(2년마다 받음) 2025년 1월 9일 이전까지 받아야 한다.

53 ②

해 강습 교육을 2023년 5월 20에 받고, 1년 이내 선임되었으므로 다음 실무 교육은 2025년 5월 20일 이전까지 받아야 한다.

54 ★★★ 2023년 1월 10일 강습 교육 후 2023년 6월 20일 자격 시험에 합격하고, 2024년 1월 20일 소방안전관리자로 선임된 사람의 실무교육일을 고르시오.

① 2024년 1월 20일부터 3개월 이내
② 2024년 1월 20일부터 6개월 이내
③ 2024년 1월 20일부터 9개월 이내
④ 2024년 1월 20일부터 12개월 이내

정답 및 해설

54 ②

해 강습 교육 후 1년이 넘어 선임이 된 소방안전관리자는 선임된 날로부터 6개월 이내에 강습 교육을 받아야 한다.

55 소방 특별 조사에 대한 설명으로 옳지 않은 것을 고르시오.

① 실시권자는 소방청장, 소방본부장, 소방서장이다.

② 소방 특별 조사 항목에는 소방계획서의 이행에 관한 사항이 있다.

③ 소방 특별 조사의 방법으로 관계인에게 필요한 보고를 하도록 하거나 자료 제출을 명할 수 있다.

④ 국가적 행사 등 주요 행사가 개최되는 장소에 실시할 수 있다.

정답 및 해설

55 ④

해 소방 특별 조사는 화재, 재난 예방, 개인의 경우 관계인의 승낙 혹은 화재 발생의 우려가 뚜렷할 때 실시한다.

56 화재가 발생할 때 피해 규모가 클 것으로 예상되는 소방대상물에 대해 조사하고 위험성을 평가하여 개선 대책을 수립하는 것이 무엇인지 고르시오.

① 위험 시설 등에 대한 긴급 조치　② 화재 안전 조사
③ 화재 예방 안전 진단　④ 화재 예방 조치

★★ 57 소방관서장이 소방대상물, 관계 지역 또는 관계인에 대하여 소방 시설 등이 적합하게 설치, 관리되고 있는지, 확인하기 위하여 실시하는 활동이 무엇인지 고르시오.

① 위험 시설 등에 대한 긴급조치　② 화재 안전 조사
③ 화재 예방 안전 진단　④ 화재 예방 조치

정답 및 해설

56 ③

해 ① 위험 시설 등에 대한 긴급 조치는 소방서장은 화재 진압 등 소방 활동을 위하여 필요할 때는 소방용수 외에 댐, 저수지 또는 수영장 등의 물을 사용하거나 수도의 개폐장치 등을 조작할 수 있음을 말한다.

57 ②

해 화재 안전 조사에 대한 내용으로 개인에게 보고 또는 자료의 제출을 요구하거나 소방대상물의 위치·구조·설비 또는 관리 상황에 대한 조사·질문을 하게 할 수 있다.

개념 핵심 포인트

단독·공동주택에 설치하는 소방 시설(아파트 및 기숙사 제외)

소화기 및 단독 경보형 감지기 설치

방염 대상 물품

1. 창문에 설치하는 커튼류(블라인드 포함)
2. 카펫, 벽지류(두께가 2㎜ 미만 종이벽지 제외)
3. 전시용 합판 혹은 섬유판, 무대용 합판 혹은 섬유판
4. 암막 및 무대막(체육 시설 스크린 포함)
5. 섬유류 또는 합성수지류 등을 원료로 하여 제작된 소파 및 의자 등

※ 다중업소, 노유자 시설, 의료 시설, 숙박 시설 등은 더욱 다양한 물품을 권장

방염 처리 물품의 성능 검사

1. **선 처리 물품** : 커튼, 카펫, 합판, 목재
   검사 기관 : 한국소방산업기술원
2. **현장 처리(후처리) 물품** : 목재 및 합판
   검사 기관 : 소방서장

방염 성능 기준 이상의 물품을 설치해야 할 장소

1. 근린생활 시설 중 체력단련장, 숙박 시설, 방송통신 시설 중 방송국 및 촬영소
2. 건축물 옥내에 있는 시설로서 문화 및 집회 시설, 종교 시설, 운동 시설(수영장 제외)
3. 의료 시설 중 종합병원, 요양병원, 정신의료기관
4. 노유자 시설 및 숙박이 가능한 수련 시설
5. 다중이용업의 영업장
6. 건축물의 층수가 11층 이상인 것(아파트 제외)
7. 교육연구 시설 중 합숙소

단독·공동주택(아파트, 기숙사 제외)에 설치하는 소방 시설이 무엇인지 고르시오.

① 옥내 소화전

② 옥외 소화전

③ 스프링클러

④ 소화기 및 단독 경보형 감지기

방염의 주요 목적으로 가장 적합한 것을 고르시오.

① 시설의 파손을 막는 데 있다.

② 연소 확대 방지 및 지연을 통해 피난에 필요한 시간을 확보하는 데 있다.

③ 시설의 내구성을 높이는 데 있다.

④ 어떠한 상황에서도 화재가 발생할 수 없는 환경을 제공한다.

정답 및 해설

58 ④

해 단독·공동주택에 설치해야 하는 것은 소화기와 단독 경보형 감지기이다.

59 ②

해 방염의 목적은 피난에 필요한 시간의 확보이다!

60 피난 시설 및 방화 시설의 유지·관리 규정을 위반하지 않은 경우를 고르시오.

① 옥상 문, 계단, 복도, 비상구 등 피난·방화 시설의 폐쇄 행위
② 방화문의 고임 장치(도어스톱) 설치 등 피난·방화 시설의 훼손 행위
③ 방화 구획 및 내부 마감 재료 등 피난·방화 시설의 변경 행위
④ 물건을 나르기 위해 계단에 잠시 쌓아 놓은 행위

60-1 소방관청의 일제 단속 시 과태료 및 이전 명령을 내릴 수 있는 경우를 고르시오.

① 옥상 문, 계단, 복도, 비상구 등 피난·방화 시설의 폐쇄 행위
② 방화문의 고임 장치(도어스톱) 설치 등 피난·방화 시설의 훼손 행위
③ 방화 구획 및 내부 마감 재료 등 피난·방화 시설의 변경 행위
④ 물건을 나르기 위해 계단에 잠시 쌓아 놓은 행위

정답 및 해설

60 ④

해 계단에 물건을 잠시 쌓아둔 행위는 이전 명령 혹은 과태료 처분을 받을 수 있지만, 계속 쌓아 놓은 행위는 위반 사항이다.

60-1 ④

해 계단에 잠시 물건을 쌓아둔 행위는 이전 명령 혹은 과태료 처분을 받을 수 있지만 ①, ②, ③은 벌금 이상의 중형에 처할 수 있다.

★ **61** **방염 성능 기준 이상의 실내 장식물을 설치해야 할 장소가 아닌 것을 고르시오.**

① 노유자 시설 및 숙박이 가능한 수련 시설

② 다중이용업의 영업장

③ 근린생활 시설 중 체력단련장, 숙박 시설, 방송통신 시설 중 방송국 및 촬영소

④ 건축물의 층수가 11층 이상인 아파트

★ **62** **방염 대상 물품을 설치해야 하는 특정 소방대상물이 아닌 것을 고르시오.**

① 근린생활 시설 중 체력단련장

② 방송통신 시설 중 촬영소

③ 교육연구 시설 중 합숙소

④ 판매 시설 중 도매시장

정답 및 해설

61 ④

해 ①, ②, ③은 방염 기준 이상의 장식물을 설치하여야 하지만, ④의 건축물 층수가 11층 이상의 아파트는 해당하지 않는다(11층 이상의 건물은 방염 대상이다).

62 ④

해 ①, ②, ③은 방염 대상 물품을 설치해야 하고 판매시설 또한 그 대상이지만 ④ 판매 시설 중 도매시장은 그 범위에 해당하지 않는다.

63 방염 물품을 사용하여야 할 특수 장소에 해당하지 않는 것을 고르시오.

① 영화관
② 방송 촬영소
③ 아파트
④ 종합병원

64 방염 대상 물품을 설치해야 하는 장소가 아닌 것을 고르시오.

① 숙박 시설, 노유자 시설
② 요양 병원
③ 교육연구 시설 중 합숙소
④ 방송통신 시설 중 통신탑

정답 및 해설

63 ③

해 건물 층수가 11층인 일반 건축물은 방염 대상이지만, 11층 이상이라도 아파트는 그 범위에 해당하지 않는다.

64 ④

해 화재 시 큰 인명 피해가 날 수 있는 시설인 병의원, 노유자 시설, 숙박 시설, 교육 수련장, 방송 시설 중 촬영소는 필수 방염이 필요하지만, 방송 시설 중 통신탑은 사람이 한 명 혹은 상주하지 않는 경우도 있으므로 그 범위에 해당하지 않는다.

★★
65

다음 <보기>에서 방염 성능 기준 이상의 실내 장식물을 설치해야 할 장소로 알맞은 것을 모두 고르시오.

<보기>	가. 숙박 시설 나. 노유자 시설 다. 요양 병원 라. 교육연구 시설 중 합숙소

① 가

② 가, 나

③ 가, 나, 라

④ 가, 나, 다, 라

정답 및 해설

65 ④

해 보기에 나온 내용이 모두 알맞은 장소이므로 정답은 ④번이다.

66 소방 관계 법령에서 정하는 방염 기준에 대한 설명으로 틀린 것을 고르시오.

① 방염 목적은 연소 확대 방지와 지연을 통해 피난 시간을 확보하여 피해를 줄이는 데 있다.

② 창문에 설치하는 커튼류는 방염 물품 대상이다.

③ 현장 방염 처리 물품은 한국소방산업기술원에서 성능 검사를 실시한다.

④ 숙박 시설, 다중이용업의 영업장은 방염 성능 기준 이상의 실내 장식물을 설치해야 할 장소이다.

67 방염에 있어서 현장 방염 처리 물품의 성능 검사 기관으로 옳은 것을 고르시오.

① 소방청장

② 소방본부장

③ 관할 소방서장

④ 행정안전부 장관

정답 및 해설

66 ③

해 ③의 현장 방염 처리 물품은 관할 소방서장이 성능 검사를 실시한다.

67 ③

해 방염의 현장 처리란 공장에서 방염 작업을 하기 힘든 가구류, 인테리어 목제 등의 부피가 큰 것을 설치 현장에서 방염하는 것을 말하며, 성능 검사는 관할 소방서장 주관하에 실시한다.

작동점검, 연소와 가연물

개념 핵심 포인트

작동점검과 종합점검

	작동점검	종합점검
정의	인위적으로 조작하여 정상 작동 여부를 점검	작동점검을 포함하여 설비별 주요 구성 부품의 구조 기준이 화재 안전 기준에 적합한지 여부를 점검
점검 대상	특정 소방물 전부(특급 제외)	1. 5,000㎡ 이상 물 분무 등 소화설비가 설치된 곳 - 스프링클러가 설치된 모든 곳 2. 2,000㎡ 이상(다중이용 시설) 단란주점, 안마시술소 노래연습장, 영화관, 산후조리원, 고시원 등 3. 제연 설비가 설치된 터널
점검 자격		소방시설관리업자(소방시설관리사가 고용된 곳), 소방시설관리사, 소방기술사
횟수	연 1회 이상	연 1회 이상(단, 특급 소방대상물은 반기에 1회 이상)
점검 시기	종합점검을 받은 달부터 6개월 내 작동점검 결과(승인일이 속하는 달 말까지)를 보고	사용승인일이 속하는 달에 실시
결과 조치	10일 이내 제출(2년 보관)	검사를 실시한 후 관계인(건물관리인 혹은 건물주)에게 10일 이내에 점검 결과를 제출(2년 보관), 관계인은 점검을 종료한 날로부터 15일 이내에 소방서에 제출

4강 작동점검, 연소와 가연물

68 특정 소방대상물의 종합점검을 할 수 없는 사람을 고르시오.

① 소방시설관리업자(단, 소방시설관리사 참여)

② 방화관리자로 선임된 소방시설관리사

③ 방화관리자로 선임된 소방기술사

④ 1급 소방안전관리자

정답 및 해설

68 ④

해 종합점검 자격은 소방시설관리사와 소방기술사만이 가진다.
따라서 정답은 소방시설관리사와 소방기술사가 아닌 것을 고르면 된다.

69 자체 점검에 관한 설명 중 틀린 것을 고르시오.

① 작동점검은 연 1회 이상 실시하여야 한다.

② 특급의 경우, 종합점검은 반기에 1회 이상 실시하여야 한다.

③ 종합점검을 실시한 때는 30일 이내에 점검 결과를 소방서장에게 제출하여야 한다.

④ 소방안전관리자로 선임된 소방시설관리사는 종합점검을 실시할 수 있다.

70 특정 소방대상물의 종합점검을 실시한 자는 그 점검 결과를 얼마 동안 자체 보관하여야 하는가?

① 6개월 ② 1년

③ 2년 ④ 3년

정답 및 해설

69 ③

㉶ 종합점검을 실시하면 점검 결과를 10일 이내에 관계인에게, 관계인은 점검 종료일 15일 이내에 소방서장에게 제출한다.

70 ③

㉶ 종합점검과 작동점검의 결과는 모두 2년간 보관한다.

➡ 소방안전관리자 시험에서 문서 보관에 대한 문제가 나오면 무조건 2년이다!

종합점검을 실시하여야 할 특정 소방대상물이 아닌 것을 고르시오.

① 스프링클러가 설치된 연면적 3,000㎡의 업무 시설

② 제연 설비가 설치된 터널

③ 연면적 8,000㎡, 층수가 10층이며, 스프링클러가 설치된 아파트

④ 노래연습장이 설치된 연면적 1,000㎡의 복합건축물

2,000㎡ 이상의 복합건축물 중 종합점검 대상이 아닌 것을 고르시오.

① 영화관　　② 노래연습장

③ 산후조리원　　④ 콜라텍

정답 및 해설

71 ④

해 다중이용 시설이 있는 건축물 중 2,000㎡ 이상의 복합건축물이 종합점검 대상이다. ④는 2,000㎡ 미만의 복합건축물이라 해당하지 않는다.

72 ④

해 다중이용 시설(영화관, 노래연습장, 산후조리원, 고시원, 안마시술소 등)이 있는 건축물 중 2,000㎡ 이상의 복합건축물은 종합점검 대상이다.

건축물의 사용승인일이 2023년 4월 1일이다. 다음 중 종합점검 시기와 작동점검 시기가 옳은 것을 고르시오.

① 종합점검 : 4월 20일 / 작동점검 : 10월 15일

② 종합점검 : 4월 20일 / 작동점검 : 11월 15일

③ 종합점검 : 5월 20일 / 작동점검 : 10월 15일

④ 종합점검 : 5월 20일 / 작동점검 : 11월 15일

정답 및 해설

73 ①

해 종합점검은 사용승인일이 속하는 달에 실시하고, 작동점검은 종합점검을 받은 달부터 6개월이 되는 달에 실시한다.

다음 건축물의 소방 시설 종합점검 및 작동점검 시기로 옳은 것을 고르시오.

> • 규모 : 지하 3층, 지상 11층
> • 연면적 : 5,000㎡
> • 소방 설비 : 스프링클러 설치
> • 사용승인일 : 2024년 1월 30일

① 종합점검 : 1월 / 작동점검 : 7월

② 종합점검 : 6월 / 작동점검 : 11월

③ 종합점검 : 6월 / 작동점검 : 10월

④ 종합점검 : 1월 / 작동점검 : 5월

정답 및 해설

74 ①

해 사용승인일이 2024년 1월 30일이기 때문에 종합점검은 사용승인일이 속하는 1월에 실시해야 한다. 작동점검은 종합점검을 받은 달부터 6개월이 되는 달인 7월에 해야 한다.

➡ 문제 73~75번은 종합점검과 작동점검의 시기를 알고 있는지를 확인하는 문제이다. 연도와 날짜만 바꾼 문제가 많이 출제되니 점검 시기에 대한 내용을 숙지하면 쉽게 맞출 수 있다.

다음 건축물의 작동점검일로 옳은 것을 고르시오.

- 스프링클러가 설비된 건축물
- 완공일 : 2024년 3월 4일
- 사용승인일 : 2024년 5월 1일

① 2024년 11월
② 2024년 12월
③ 2025년 1월
④ 2025년 2월

다중이용업 영업장이 설치된 연면적 2,000㎡ 이상인 특정 소방대상물은 종합점검을 실시하여야 한다. 이에 해당하지 않는 것을 고르시오.

① 노래연습장
② 영화상영관
③ 고시원
④ 콜라텍

정답 및 해설

75 ①

해 사용승인일이 2024년 5월 1일이기 때문에 종합점검은 사용승인일이 속하는 5월에 실시해야 한다. 작동점검은 종합점검을 받은 달부터 6개월이 되는 달인 11월에 해야 한다.

76 ④

해 다중이용 시설(영화관, 노래연습장, 산후조리원, 고시원, 안마시술소 등) 설치 건축물 중 2,000㎡ 이상의 복합건축물이 아닌 것은 콜라텍이다.

77 건축물의 주요 구조부가 아닌 것을 고르시오.

① 바닥
② 내력벽
③ 주계단
④ 작은 보

78 다음 중 30분 방화문에 대한 설명으로 옳은 것을 고르시오.

① 연기와 불꽃을 60분 이상 차단하고 열을 30분 이상 차단
② 연기와 불꽃을 60분 이상 차단
③ 연기와 불꽃을 30분 이상 60분 미만 차단
④ 연기와 불꽃을 10분에서 30분 미만 차단

정답 및 해설

77 ④

해 건축물의 주요 구조부는 기둥, 내력벽, 주계단, 보, 바닥, 지붕틀 등이다.

78 ③

해 30분 방화문은 연기와 불꽃을 30분 이상, 60분 미만으로 차단하는 문이다.
60분+방화문 : 연기, 불꽃 60분 이상 차단, 열 30분 이상 차단
60분 방화문 : 연기, 불꽃 60분 이상 차단

개념 핵심 포인트

연소

1. 연소란 가연물이 산소 또는 산화제와 반응하여 열과 빛을 발생시키는 것이다.
2. 연소 3요소 암기 : 가산점 ☆☆☆
   - **가**연 물질
   - **산**소 공급원 : **공**기, **산**화제, **자**기반응성 물질 암기 : 공산자 ☆☆☆
     산소가 15% 이하이면 연소 불가
   - **점**화원 : 전기 불꽃, 충격 마찰, 정전기, 자연 발화, 복사열
   - 연소의 4요소에는 **연쇄 반응**이 포함된다.

정전기 예방책

1. 접지 시설, 실내 공기 이온화, 압력은 낮추고 습도를 70% 이상 유지
2. 전도체 물질을 사용

연소 범위

1. 연소 범위란 공기와 혼합한 상태에서의 가연성 증기의 부피를 말한다.
2. 휘발유(1.2~7.6vol%), 등유(0.7~5vol%), 중유(1~5vol%), 아세틸렌(2.5~81vol%)
   연소 범위의 vol%가 클수록 위험한 물질이다.

가연 물질의 구비 조건

① 화학 반응을 일으킬 때 필요한 활성화 에너지(최소 점화 에너지)의 값이 작아야 한다.
② 일반적으로 산화되기 쉬운 물질로서 산소와 결합할 때 발열량이 커야 한다.
③ 열의 축적이 용이하도록 열전도가 작아야 한다.
④ 지연성(조연성) 가스인 산소, 염소와의 친화력이 강해야 한다.
⑤ 산소와 접촉할 수 있는 표면적(비교 면적)이 큰 물질이어야 한다(기체 > 액체 > 고체).
⑥ 연쇄 반응을 일으킬 수 있는 물질이어야 한다.

소방안전원 교재 72p 참조

연소에 대한 설명 중 가장 적합한 것을 고르시오.

① 산소와 열을 수반하는 반응이다.

② 산소와 반응하는 것이다.

③ 가연 물질이 산소와 반응하여 열과 빛을 발생시키는 것이다.

④ 가연성 가스를 발생시키기 위한 반응이다.

다음 중 연소의 3요소가 아닌 것을 고르시오.

① 가연 물질

② 산소공급원

③ 점화원

④ 습도

정답 및 해설

78-1 ③

해 연소란 가연물이 산소 또는 산화제와 반응하여 열과 빛을 발생하는 것이다. 연소에 대한 가장 적절한 답을 찾는 문제로, 답은 ③이다.

79 ④

해 **연소의 3요소** : 가연물, 점화원, 산소공급원(연소의 4요소는 화학적인 연쇄 반응을 포함한다.)

★
80 **다음 중 연소의 3요소가 아닌 것을 고르시오.**

① 가연 물질
② 산소공급원
③ 점화원
④ 연쇄 반응

★
81 **다음 중 표면 연소에 해당하지 않는 것을 고르시오.**

① 숯
② 코크스
③ 고체 파라핀(양초)
④ 금속(마그네슘 등)

정답 및 해설

80 ④

해 연소의 3요소에는 연쇄 반응이 포함되지 않는다.

81 ③

해 표면 연소에는 코크스, 목탄(숯), 금속이 해당한다. ③ 고체 파라핀(양초)은 대표적인 증발 연소의 예이다.
표면연소란 가연성 고체가 그 표면에서 산소와 발열 반응을 일으켜 타는 것을 말한다. 증발연소란 가연성 물질을 가열했을 때 열분해를 일으키기지 않고, 그대로 증발한 증기가 연소하는 것을 말한다.

★ 82 다음 (   ) 안에 들어갈 알맞은 낱말을 고르시오.

질소와 질소산화물이 가연물이 될 수 없는 이유는 산소와 화합하여 (   )을 일으키기 때문이다.

① 발열 반응　　② 화학 반응
③ 흡열 반응　　④ 연쇄 반응

★ 83 정전기, 마찰과 충격, 전기 스파크 등에 해당하는 것을 고르시오.

① 연쇄 반응　　② 조연성 물질
③ 점화원　　④ 가연물

정답 및 해설

82 ③

해 질소와 질소산화물은 흡열 반응을 일으켜 가연물이 될 수 없다.
흡열 반응이란 반응 시 주위 환경에서 열을 흡수하는 화학 반응이다.

83 ③

해 점화원이란 전기 불꽃, 충격 마찰, 정전기, 자연 발화, 복사열이다.

물질의 연소 시 산소공급원이 될 수 없는 것을 고르시오.

① 산소
② 고체 가연물
③ 자기반응성 물질
④ 산화제

일반 목조 건물에서 화재의 최성기까지의 소요 시간을 고르시오.

① 1~5분
② 5~15분
③ 20~30분
④ 35~40분

정답 및 해설

84 ②

해 **산소공급원** : 산소, 산화제, 자기반응성 물질, 1류(액체 산화제), 6류(고체 산화제)

※고체 가연물이란 나무, 종이 등을 말한다.

85 ②

해 목조 건물에서 화재의 최성기까지의 소요 시간은 10분 정도이다.

1,100~1,200℃ 내화 구조는 20~30분 정도 소요된다.

86 다음 중 분해 연소를 하는 물질을 고르시오.

① 가솔린 ② 알코올

③ 종이 ④ 도시가스

87 가연성 물질의 구비 조건으로 틀린 것을 고르시오.

① 산소와의 친화력이 크다.

② 활성화 에너지가 크다.

③ 열전도율이 작다.

④ 연소열, 표면적이 크다.

정답 및 해설

86 ③

해 분해 연소를 하는 물질은 석탄, 종이, 목재, 플라스틱 등이다. ① 가솔린과 ② 알코올은 증발 연소이며, ④ 도시가스는 확산 연소이다.

87 ②

해 **가연성 물질의 특징은** 활성화 에너지가 작다는 점이다. 그래야 작은 에너지로도 불이 붙는다.

88 가연성 물질의 특성이 아닌 것을 고르시오.

① 산소와 친화력이 크다.

② 활성 에너지가 크다.

③ 열전도율이 낮다.

④ 건조도가 높다.

정답 및 해설

88 ②

해 | 가연성 물질의 구비 조건|

- 산소와의 친화력이 크다.
- 활성화 에너지가 작다(작은 에너지로 불이 붙는다).
- 열전도율이 작다(외부로부터 받은 열을 다른 곳으로 보내지 않는다).
- 연소열이 크다.
- 표면적이 크다.
- 건조도가 높다.

가연성 물질의 구비 조건으로 옳은 것을 고르시오.

가. 산소와의 친화력이 클수록 가연성이 좋은 물질이다.
나. 비표면적이 클수록 가연성이 좋은 물질이다.
다. 열전도율이 작을수록 가연성이 좋은 물질이다.
라. 활성화 에너지가 작을수록 가연성이 좋은 물질이다.

① 가, 나
② 가, 다
③ 가, 나 , 다
④ 가, 나, 다, 라

연소 범위가 가장 높은 것을 고르시오.

① 수소
② 아세틸렌
③ 중유
④ 등유

정답 및 해설

89 ④

해 가, 나, 다, 라 모두 가연성 물질의 구비 조건에 해당한다.

90 ②

해 휘발유(1.2~7.6vol%), 등유(0.7~5vol%), 중유(1~5vol%), 아세틸렌(2.5~81vol%)으로 연소 범위는 아세틸렌이 가장 높다.

개념 핵심 포인트

| 연소의 용어 |

인화점

연소 범위에서 외부의 직접적인 점화원에 의해 인화될 수 있는 최저 온도(공기 중에서 가연 물질에 가까이 점화원을 투여했을 때 착화되는 최저 온도)이다.

연소점

발생한 화염이 꺼지지 않고 5초 이상 지속되는 온도이다. 보통 인화점보다 10℃ 정도 높다.

발화점

외부의 에너지 공급 없이 물질 자체의 열 축적에 의해 착화(발화)가 되는 최저 온도(보통 인화점보다 수백도 높다)이다.

※ **동일 물질의 온도 순서** : **인**화점 < **연**소점 < **발**화점 (암기 : 인연발) ☆☆☆

외부로부터 에너지를 받아서 착화가 가능한 가연성 물질의 최저 온도가 무엇인지 고르시오.

① 인화점　② 연소점
③ 발화점　④ 착화점

연소에 있어 발화 온도가 낮은 것에서 높은 것으로 알맞게 연결된 것을 고르시오.

① 인화점 < 발화점 < 연소점
② 인화점 < 연소점< 발화점
③ 연소점 < 인화점 < 발화점
④ 발화점 < 연소점< 인화점

정답 및 해설

91 ①

해 인화점 < 연소점 < 발화점 순서로 온도가 높다.
(발화점과 착화점은 같은 말이다.)

92 ②

해 가연성 물질의 발화 온도는 제각각이다. 예를 들어, 등유의 경우 인화점은 39℃, 연소점은 49℃, 발화점은 210℃다.

★ 93

연소점은 인화점보다 통상적으로 몇 도 정도 높은 온도를 말하는가?

① 같음
② 5℃
③ 10℃
④ 20℃

★★ 94

다음 (　　　) 안에 들어갈 말로 알맞게 짝지어진 것을 고르시오.

연소 범위에서 외부의 직접적인 점화원에 의해 인화될 수 있는 최저 온도를 (　　　)이라고 하며, 발생한 화염이 꺼지지 않고 5초 이상 지속되는 온도를 (　　　)이라고 한다.

① 인화점, 발화점
② 연소점, 발화점
③ 인화점, 연소점
④ 연소점, 인화점

정답 및 해설

93 ③

해 연소점은 통상적으로 인화점보다 10℃ 이상 높다.

94 ③

해 '최저 온도'가 나오면 답이 인화점, '5초 이상 지속'이 나오면 답이 연소점일 확률이 높다!

5강 강의 영상

화재의 종류, 위험물 분류

개념 핵심 포인트

화재의 종류와 소화 방법

종류	특징	소화 방법
일반 화재 (A급 화재)	재가 남는 통상적인 화재	냉각 효과(물로 소화)
유류 화재 (B급 화재)	재가 남지 않는 화재	질식, 냉각 소화(포, 거품 약재), 물 사용 금지
전기 화재 (C급 화재)	배선, 전기 관련 화재	질식 소화(모래, 이산화탄소, 젖은 이불)
금속 화재 (D급 화재)	나트륨, 마그네슘 등으로 인한 화재	질식 소화(마른 모래)
주방 화재 (K급 화재)	식용유, 동식물성 유지 등으로 인한 화재	강화액 소화

화재 시 연기의 이동 속도

수평 방향	수직 방향	계단 실내
0.5 ~ 1.0㎧	2 ~ 3㎧	3 ~ 5㎧

소화약제의 종류

1. **물 소화약제** : 냉각, 질식
2. **포 소화약제** : 질식, 냉각
3. **분말 소화약제** : 질식, 억제 효과
4. **이산화탄소 소화약제** : 질식, 냉각, 피복
5. **할로겐 화합물 소화약제** : 억제, 질식, 냉각

화재성상 단계

초기(출화) ⇨ 성장기 / 플래시오버(화염에 휩싸임) ⇨ 최성기 ⇨ 감쇠기(가연물이 모두 연소)

※ **플래시오버** : 실내에서의 화재 발달 중 한 단계로 방 전체가 순식간에 화염에 휩싸이는 현상으로, 성장기의 마지막 단계에 발생한다.

5강 화재의 종류, 위험물 분류

면화류, 종이, 목재 등 일반 가연물 화재의 분류를 고르시오.

① A급 화재　　② B급 화재
③ C급 화재　　④ D급 화재

정답 및 해설

95 ①

해 면화류, 종이, 목제 등 일반 가연물 화재는 A급 화제이다.

물을 이용한 소화 방법으로 가장 적절한 화재를 고르시오.

① 일반 화재 ② 유류 화재

③ 금속 화재 ④ 전기 화재

금속 화재의 소화 방법으로 가장 적절한 것을 고르시오.

① 마른 모래(건조사) ② 이산화탄소

③ 물 ④ 강화액

정답 및 해설

96 ①

해 일반 화재는 물을 이용해 소화한다.

97 ①

해 금속 화재는 마른 모래를 이용해 소화한다.

대규모 유류 화재에 적합한 소화 설비를 고르시오.

① 포(폼) 소화약제

② 분말 소화약제

③ 이산화탄소 소화약제

④ 할로겐 화합물 소화약제

유류 화재에서 폼(FORM)으로 유면을 덮어서 불을 끄는 소화 방법을 고르시오.

① 냉각 소화

② 질식 소화

③ 억제 소화

④ 제거 소화

정답 및 해설

98 ①

해 대규모 유류 화재는 B급 화재로 포(폼) 소화약제가 적합하다.

99 ②

해 **질식 효과** : 공기 중 산소 농도를 15% 이하로 낮춘다(연소물을 덮는다).

억제 소화 : 화학적인 방법으로 연소를 막는 소화 방법이다.

다음 중 D급 화재를 의미하는 것을 고르시오.

① 인명 손실이 있는 화재

② 선박 회사 또는 임야 화재 등 특수 화재

③ A, B급 화재 또는 A, C급 화재 등 복합 화재

④ 금속 화재

전기 화재의 주요 원인이라고 볼 수 없는 것을 고르시오.

① 과부하에 의한 발화

② 폭발에 의한 발화

③ 누전에 의한 발화

④ 전선 합선(단락)에 의한 발화

정답 및 해설

100 ④

해 D급 화재는 금속 화재로 마른 모래를 이용해 소화한다.

101 ②

해 전기 화재는 전선의 합선, 누전, 과전류, 규격 미달의 전선 또는 전기기구 등의 과열로 발생한다.

★ 102

화재 발생 시, 화염이 천장 전면으로 확산되고, 화염에서 발생한 복사열에 의해 내장재 등이 일시에 발화점에 이르러 가연성 가스가 축적되면서 일순간에 폭발적으로 화염에 휩싸이는 현상이 무엇인지 고르시오.

① 플래시 오버 ② 플레임 오버

③ 롤 오버 ④ 백드래프트

화재 단계에서 플래시 오버 상태가 일어나는 단계를 고르시오.

① 초기 ② 성장기

③ 최성기 ④ 감쇠기

정답 및 해설

102 ①

해 플래시 오버는 일반 화재에서는 화재 발생 이후 3분이 경과하면 발생하고, 고의로 인화성 물질을 뿌려 불을 붙이는 방화의 경우 10초도 안 되어 발생할 수 있다.

103 ②

해 플래시 오버는 실내 전체가 화염에 휩싸이는 현상으로, 성장기의 마지막 구간에 일어나며 최성기의 전 단계이다.

104 건축물 화재의 진행 과정을 나열한 것 중 바른 것을 고르시오.

① 초기(출화) ⇨ 최성기 ⇨ 플래시 오버 ⇨ 감쇠기 ⇨ 성장기

② 초기(출화) ⇨ 성장기 ⇨ 플래시 오버 ⇨ 최성기 ⇨ 감쇠기

③ 성장기 ⇨ 초기(출화) ⇨ 플래시 오버 ⇨ 최성기 ⇨ 감쇠기

④ 초기(출화) ⇨ 성장기 ⇨ 감쇠기 ⇨ 플래시 오버 ⇨ 최성기

105 화재 시 열 이동에 가장 크게 작용하는 방식으로 열 에너지를 파장의 형태로 방사하는 개념이 무엇인지 고르시오.

① 전도　　② 대류

③ 복사　　④ 기류

정답 및 해설

104 ②

해 초기(출화) ⇨ 성장기 ⇨ 플래시 오버(화염에 휩싸임) ⇨ 최성기 ⇨ 감쇠기(가연물이 모두 연소)

105 ③

해 복사는 물체나 화염의 접촉 없이 열이 전달되는 방식이다. 대부분 화재 시 복사에 의해 확산된다.

★ 106 건물 내에서 연기의 수평 방향 이동 속도는 몇 m/s 정도인지 고르시오.

① 0.2~0.3 m/s
② 0.5~1.0 m/s
③ 3~5 m/s
④ 5~10 m/s

★★ 107 다음 (　　) 안에 들어갈 말로 알맞게 짝지어진 것을 고르시오.

> 연기의 유동 및 확산은 벽 및 천장을 따라 진행하며 일반적으로 수평 방향 (　　) m/s, 수직 방향 (　　) m/s, 계단 실내의 수직 이동 (　　) m/s 속도로 이동한다.

① 0.2~0.3, 0.5~1.0, 3~5
② 0.5~1.0, 2~3, 3~5
③ 3~5, 2~3, 3~5
④ 5~10, 3~5, 2~3

정답 및 해설

106 ②

해

수평 방향	수직 방향	계단 실내
0.5~1.0 m/s	2~3 m/s	3~5 m/s

107 ②

해 수평 방향보다 수직 방향이, 수직 방향보다 계단 실내에서 연기가 더욱 빠르게 이동한다!

화염이 발생하는 연소 반응을 주도하는 라디칼을 제거하여 연쇄 반응을 중단시키는 소화 방법을 고르시오.

① 제거 소화
② 질식 소화
③ 냉각 소화
④ 억제 소화

공기 중의 산소농도는 약 21%이다. 산소 농도를 15% 이하로 억제하여 화재를 소화하는 방법을 고르시오.

① 제거 소화
② 질식 소화
③ 냉각 소화
④ 억제 소화

정답 및 해설

108 ④

해 억제 소화란 연속적인 산화 반응을 약화시켜 연소를 불가능하게 하여 소화하는 것으로 화학적 작용에 의한 소화 방법이다. 라디칼은 매우 불안정하고 반응성이 강한 입자로, 화학 반응을 일으키며 만들어지는 물질이다.

109 ②

해 질식 소화란 산소(공급원)를 차단하여 소화하는 방법으로 일반적인 화재에서 공기 중 산소 농도가 21%인데 이를 15% 이하로 억제함으로써 화재를 소화한다.

연소하고 있는 가연물로부터 열을 빼앗아 연소물을 착화온도 이하로 내리는 소화 방법을 고르시오.

① 제거 소화　② 질식 소화
③ 냉각 소화　④ 억제 소화

이산화탄소 소화약제의 소화 효과와 관계 없는 것을 고르시오.

① 제거 소화　② 질식 소화
③ 냉각 소화　④ 억제 소화

정답 및 해설

110 ③

해 | 소화의 종류 |

제거 소화 : 가연물을 제거 ➡ 예 산불 화재 시 나무 제거
질식 소화 : 공기 중의 산소 농도를 15% 이하로 낮춤 ➡ 연소물을 덮음
냉각 소화 : 연소물을 냉각시킴 ➡ 물 분사, 이산화탄소

111 ①

해 이산화탄소 소화약제는 억제, 질식, 냉각이며 ①의 제거 소화는 가연물 등을 제거하는 것이다.

★ **112** 불연성 기체, 고체 등으로 연소물에 산소 공급을 차단하는 소화 방법을 고르시오.

① 제거 소화　② 질식 소화
③ 냉각 소화　④ 억제 소화

★ **113** 할로겐 화합물 소화약제의 소화 원리가 아닌 것을 고르시오.

① 제거 소화　② 질식 소화
③ 냉각 소화　④ 억제 소화

정답 및 해설

112 ②

해 산소 공급 차단 ➡ 질식 소화!

113 ①

해 불이 붙게 하는 원인이나 옮겨붙을 만한 물건을 치우는 것을 제거 소화라고 한다.

➡ 소화약제 문제는 제거 소화와는 전혀 관련이 없다.

개념 핵심 포인트

위험물 지정 수량

1. 위험물로부터 안정성을 확보하기 위하여 위험 정도에 따라 수량 지정
2. 위험물의 종류별로 위험성을 고려하여 대통령이 정하는 수량으로서 제조소 등의 설치 허가 등에서 최저의 기준이 되는 수량

휘발유	알코올류	등유, 경유	중유
200 ℓ	400 ℓ	1,000 ℓ	2,000 ℓ

위험물의 특성

종류	성질	품명	특징
제1류	산화성 고체	아염소산염류, 염소산염류, 과염소산염류 등	다량의 산소를 포함
제2류	가연성 고체	황화린, 적린, 유황 등	유독 가스 발생
제3류	자연발화성 물질 및 금수성 물질	칼륨, 나트륨, 알킬알루미늄 등	누출 주의, 물과 접촉 금지
제4류	인화성 액체	휘발유, 알코올류, 경유 등	물로 소화가 되지 않음
제5류	자기반응성 물질	유기과산화물, 질산에스테르류, 니트로화합물 등	자기연소, 폭발성 물질
제6류	산화성 액체	과염소산, 과산화수소, 질산 등	강산으로 산소를 발생, 물과 접촉하면 발열

제4류 위험물의 성질(ex. 휘발유, 아세톤)

1. 인화하기 쉽다.
2. 증기는 공기보다 무겁다.
3. 공기와 혼합하여 연소 폭발한다.
4. 착화 온도가 낮은 것은 위험하다.
5. 물보다 가볍고 물에 녹지 않는다.

LPG vs LNG

구분	LPG	LNG
무게	공기보다 무거움	공기보다 가벼움
용도	가정용, 공업용, 자동차 연료	도시가스
증기 비중	1.5~2.0	0.6
가스누설경보기 설치	수평 거리 4m 이내	수평 거리 8m 이내
탐지기	바닥에서 30㎝ 위	천장에서 30㎝ 아래
주성분 및 폭발 범위	프로판(2.1~9.5%) 부탄(1.8~8.4%)	메탄(5~15%)

※ **증기 비중** : 공기(1)를 기준으로 크면 무거워서 바닥으로 가라앉고, 작으면 가벼워서 상승한다.

방화 구획 설치 기준

1. 10층 이하의 건물 : 바닥 면적 1,000㎡마다 설치
2. ***<u>11층 이상의 고층 건물</u>*** : 바닥 면적 200㎡마다 설치
   내장재가 불연재이면 500㎡마다 설치
   (단, 2개 층의 합이 500㎡ 이하이면 1개 구역으로 여길 수 있다.)

위험물류별 특성 중 산소가 함유되지 않은 위험물을 고르시오.

① 산화성 고체

② 인화성 액체

③ 자기반응성 물질

④ 산화성 액체

115 **물과 반응하거나 자연발화에 의해 발열 또는 가연성 가스를 발생하는 위험물은 몇 류 위험물인지 고르시오.**

① 1류 ② 2류

③ 3류 ④ 4류

정답 및 해설

114 ②

해 산화성은 단어에서도 의미하듯 산소가 함유되어 있다. 또한 자기반응성 물질에도 산소가 함유되어 있다.

115 ③

해 제3류 위험물은 물과 반응하면 화재나 폭발을 일으킬 수 있는 자연발화성 및 금수성 물질을 말한다.

116 자연발화성 및 금수성 물질인 것을 고르시오.

① 제1류 위험물

② 제2류 위험물

③ 제3류 위험물

④ 제4류 위험물

★★
117 위험물별 성질로서 옳지 않은 것을 고르시오.

① 제1류 위험물 : 산화성 고체

② 제2류 위험물 : 가연성 고체

③ 제5류 위험물 : 자기반응성 물질

④ 제6류 위험물 : 인화성 액체

정답 및 해설

116 ③

해 자연 발화성 및 금수성 물질이란 물과 접촉하면 더욱 활발하게 반응하여 화재가 확산될 수 있는 물질을 말한다. 이는 제3류 위험물로 반드시 암기한다. 암기 : 금수=3류 ☆☆☆

117 ④

해 제6류는 산화성 액체이다(강산으로 산소를 발생시킨다).

★★ 118

위험물 안전관리법상 제4류 위험물의 일반적인 특성이 아닌 것을 고르시오.

① 인화가 용이하다.

② 대부분 물보다 가볍다.

③ 대부분 주수 소화가 불가능하다.

④ 대부분 증기는 공기보다 가볍다.

★ 119

정전기 방지를 위한 대책으로 옳지 않은 것을 고르시오.

① 접지 시설 설치

② 공기 이온화

③ 습도를 50% 이상으로 유지

④ 전도체 물질을 사용

정답 및 해설

118 ④

해 제4류 위험물은 휘발유, 경유, 중유 등 인화성 액체로 인화가 용이한 물질이다. 대부분 물보다 가볍고 증기는 공기보다 무겁다.
주수 소화란 물을 주로 사용하여 화재를 진압하는 것을 말한다.

119 ③

해 정전기 방지 대책이란 습도를 70% 이상 유지하고, 공기 이온화, 접지 시설을 설치하며 전도체 물질을 사용하는 것을 말한다.

★★★
120

가스누설경보기를 잘못된 위치에 설치한 경우를 고르시오.

① 증기 비중이 1보다 작은 가스의 경우 연소기로부터 수평거리 8m 이내 위치에 설치

② 증기 비중이 1보다 작은 가스의 경우 탐지기의 하단은 천장면의 하방 30cm 이내 위치에 설치

③ 증기 비중이 1보다 큰 가스의 경우 연소기 또는 관통부로부터 수평 거리 4m 이내 위치에 설치

④ 증기 비중이 1보다 큰 가스의 경우 탐지기의 상단은 바닥면의 하방 30cm 이내 위치에 설치

정답 및 해설

120 ④

해 **증기 비중 < 1** : 가스연소기로부터 수평거리 8m 이내의 위치에 설치, 탐지기의 하단은 천장면의 하방 30cm 이내의 위치에 설치

증기 비중 > 1 : 가스연소기 또는 관통부로부터 수평거리 4m 이내의 위치에 설치, 탐지기의 상단은 바닥면의 상방 30cm 이내의 위치에 설치

121 위험물의 지정 수량으로 연결이 옳지 않은 것을 고르시오.

① 휘발유 : 200ℓ

② 등유 : 1,000ℓ

③ 알코올류 : 400ℓ

④ 중유 : 3,000ℓ

★ 122 유류의 공통적인 성질 중 옳지 않은 것을 고르시오.

① 인화하기 쉽다.

② 증기는 대부분 공기보다 가볍다.

③ 증기는 공기와 혼합되어 연소, 폭발한다.

④ 착화 온도가 낮은 것은 위험하다.

정답 및 해설

121 ④

해 중유는 2,000ℓ가 지정 수량이다.

122 ②

해 제4류 위험물질인 유류의 증기는 대부분 물보다 가볍고 공기보다 무겁다.

123 다음 중 제4류 위험물의 공통 성질이 아닌 것을 고르시오.

① 인화하기 쉽다.

② 증기는 공기보다 가볍다.

③ 증기는 공기와 혼합되어 연소, 폭발한다.

④ 물보다 가볍고 물에 녹지 않는다.

124 다음 중 제4류 위험물에 적응하는 소화를 고르시오.

① 냉각 소화

② 공기 차단(질식 소화)

③ 부촉매 효과

④ 억제 소화

정답 및 해설

123 ②

해 제4류 위험물질인 유류의 증기는 대부분 물보다 가볍고 공기보다 무겁다.

124 ②

해 제4류 위험물은 공기를 차단하여 질식 소화를 한다.

125 액화석유가스(LPG)에 대한 설명 중 옳지 않은 것을 고르시오.

① 주성분은 프로판과 부탄이다.

② 가정용, 공업용, 자동차 연료로 사용된다.

③ 누출 시 천장에 체류한다.

④ 비중은 공기보다 1.5~2.0배 무겁다.

126 액화천연가스(LNG)에 대한 설명 중 옳지 않은 것을 고르시오.

① 주성분은 메탄이다.

② 주로 가정용 도시가스로 사용된다.

③ 누출 시 천장에 체류한다.

④ 비중은 공기보다 6.6배 무겁다.

정답 및 해설

125 ③

해 LNG는 공기보다 무거워 바닥에 깔린다.

126 ④

해 LNG는 공기보다 가벼워 천장으로 깔린다. 공기보다 0.6배 가볍다.

127 연료가스에 대한 설명 중 옳지 않은 것을 고르시오.

① LNG의 주성분은 메탄이다.

② LNG의 주용도는 도시가스이다.

③ LNG는 비중이 낮아서 누출 시 천정 쪽에 체류하므로 누출 탐지기를 천정으로부터 30㎝ 이내에 설치해야 한다.

④ LNG의 폭발 범위는 1.8~8.4%이다.

정답 및 해설

127 ④

해 LNG의 폭발 범위는 메탄 5~15%이며, LPG의 폭발 범위는 프로판 2.1~9.5%, 부탄 1.8~8.4%이다.

128 연료가스에 대한 설명 중 옳지 않은 것을 고르시오.

① LPG의 주성분은 부탄, 프로판이다.

② LPG의 주용도는 가정용, 공업용, 자동차 연료용이다.

③ LPG는 누출 시 낮은 곳에 체류한다.

④ LPG의 증기 비중은 0.6 정도이다.

129 LNG의 가스누설경보기 설치 위치가 올바른 것을 고르시오.

① 연소기로부터 수평 거리 5m 이내의 위치에 설치

② 탐지기의 하단은 천장면의 하방 30㎝ 이내의 위치에 설치

③ 연소기 또는 관통부로부터 수평거리 4m 이내의 위치에 설치

④ 탐지기의 상단은 바닥면의 상방 30㎝ 이내의 위치에 설치

정답 및 해설

128 ④

해 LPG는 공기보다 무거워야 하고, 증기 비중은 1 이상이 되어야 하며 1.5~2 정도이다.

129 ②

해 LNG는 공기보다 가벼워 천장으로 깔린다. 탐지기의 위치는 천장면의 하방 30㎝ 이내에 설치한다.

방화 구획 단위는 11층 이상일 경우 층 내 바닥면적의 몇 ㎡ 이내마다 구획하여야 하는가? (단, 내장재가 불연재일 시)

① 200㎡

② 250㎡

③ 400㎡

④ 500㎡

정답 및 해설

130 ④

해 10층 이하의 건물은 바닥 면적 1,000㎡마다 방화 구획을 설치해야 하고, 11층 이상의 고층 건물에는 바닥 면적 200㎡마다 방화 구획을 설치한다. 단, 내장재가 불연재이면 500㎡마다 설치해야 하고, 2개 층의 합이 500㎡ 이하이면 1개 구역으로 여길 수 있다.
지문에서 내장제가 불연재라고 하였으므로 정답은 ④ 500㎡가 된다.

6강 강의 영상

소화기 및 옥내 소화전

개념 핵심 포인트

소화기 능력 단위 (불끄는 능력)

1. 소형 소화기 : 1단위 이상, 보행 거리 20m 이내
2. 대형 소화기 : A급 화재(10단위 이상) / B급 화재(20단위 이상), 보행 거리 30m 이내

소화기의 종류

구분	소화약제	적응 화재	구조	소화 효과
ABC 분말소화기	제1인산암모늄 (담홍색)		축압식 지시압력계 (0.7~0.98MPa)	질식, 부촉매(억제)
이산화탄소(BC급)	액화 탄산가스	유류, 전기		질식, 냉각
할로겐 화합물 (BC급)	할론 1211, 2402, 1301	할론 1211, 1301		질식, 부촉매(억제)

소화 기구 능력 단위별 설치 기준

소형 소화기 : 능력 단위가 1단위(보통 차량용 소화기가 1단위 소화기이다) 이상이며 대형 소화기 미만인 것을 말한다.

대형 소화기 : 보통 사람이 운반할 수 있도록 바퀴가 설치되어 있으며 A급 10단위 이상, B급 20단위 이상의 소화기를 말한다.

소화기 압력계 상태

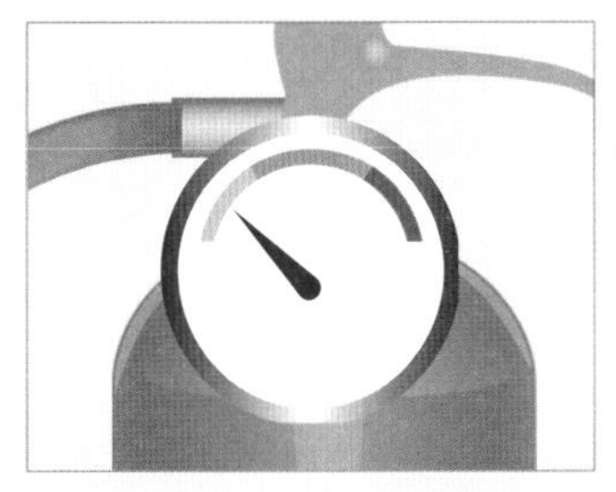

압력이 낮은 상태

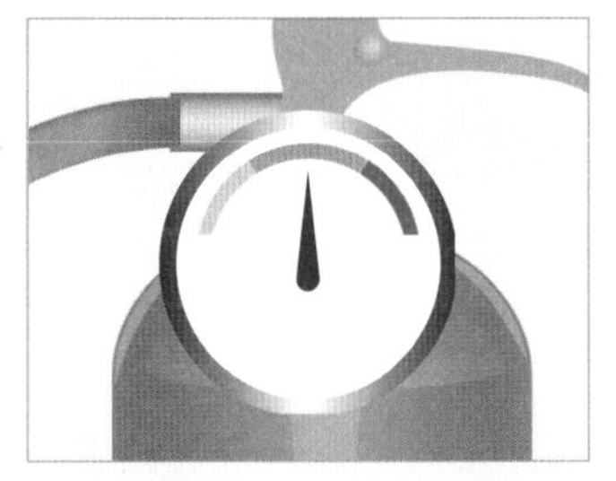

정상

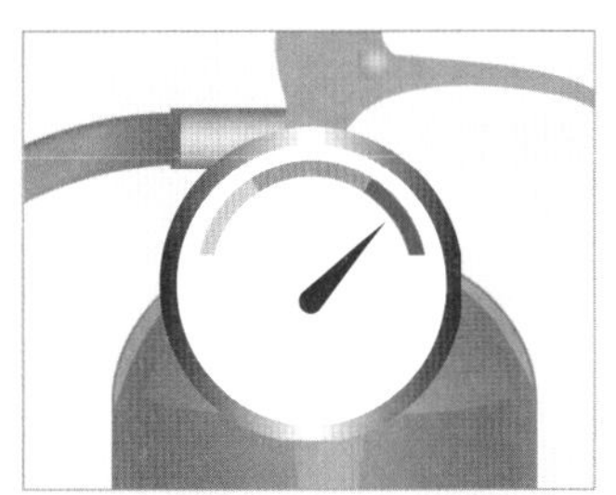

압력이 높은상태

6강 소화기 및 옥내 소화전

다음 중 소화기의 설명으로 옳은 것을 고르시오.

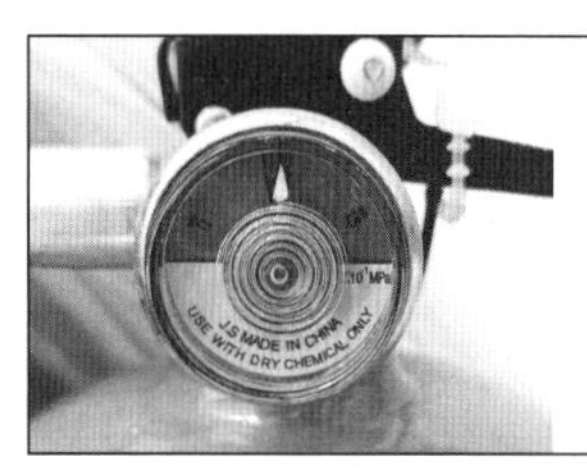

압력계 상태는 사진과 같다.

제조연월일: 2009년 08월(현재 : 2024년 01월)

① 압력은 과충전 상태이고, 내용 연수 적정

② 압력은 정상이고, 내용 연수 적정

③ 압력은 정상이고, 내용 연수 초과

④ 압력은 부족이고, 내용 연수 초과

정답 및 해설

131 ③

해 사진의 소화기는 압력이 정상이고, 내용 연수 10년을 초과하였으므로 교체해야 한다.

★
132 ABC 분말소화기의 주성분과 소화 효과를 고르시오.

① 제1인산암모늄, 냉각

② 제1인산암모늄, 질식, 억제(부촉매)

③ 탄산수소칼륨, 부촉매(억제)

④ 탄산수소칼륨, 질식

★
133 분말소화기의 내용 연수로 적합한 것을 고르시오.

① 3년 ② 5년

③ 10년 ④ 12년

정답 및 해설

132 ②

해 ABC 분말소화기의 주성분은 제1인산암모늄이고, 소화 효과는 질식, 억제(부촉매)이다.

133 ③

해 분말소화기의 내용 연수는 10년이고, 성능 검사 확인 후 3년 연장이 가능하다.

★★ 134 다음 중 소화 활동 설비로 알맞은 것을 고르시오.

① 제연 설비

② 통합 감시 시설

③ 단독 경보형 감지기

④ 물 분무 등 소화 설비

★★ 135 소화기에 대한 설명으로 옳지 않은 것을 고르시오.

① 대형 소화기의 배치 거리는 보행 거리 30m 이내이다.

② 소형 소화기의 배치 거리는 보행 거리 20m 이내이다.

③ 소화기는 1.5m 이하의 높이에 설치한다.

④ 가압식 소화기에는 지시압력계가 부착되어 있다.

정답 및 해설

134 ①

해 ②, ③은 경보 설비이며, ④는 소화 설비이다.

135 ④

해 가압식 소화기는 현재 생산 중단된 소화기이며, 축압식 소화기에 지시압력계가 부착되어 있다.

★ 136

소화기 표시 사항 중 'A5, B10'의 의미로 옳은 것을 고르시오.

① 소화기의 소요 단위

② 소화기의 능력 단위

③ 소화기의 소비 단위

④ 소화기의 사용 순서

정답 및 해설

136 ②

해 소화기 표시에 있어서 알파벳과 숫자의 의미는 소화기의 능력 단위 표시이다. 참고로 우리가 흔히 보는 소화기는 능력 단위 3짜리 소화기이고, 차량용으로 나온 작은 크기의 소화기가 능력 단위 1짜리 소화기이다.

137 소화 기구에 대한 설명으로 옳은 것을 고르시오.

① 소화기는 각 층마다 설치하되, 소방대상물의 각 부분으로부터 소형 소화기까지 보행 거리는 25m 이내이다.

② 축압식 소화기에는 소화약제와 질소가스가 충전되어 있으며, 지시압력계의 정상 범위는 0.17~0.7㎫이다.

③ 소화기의 내용 연수는 10년이며, 내용 연수가 지난 제품은 교체 또는 성능 확인을 받아야 한다.

④ 능력 단위가 2단위 이상이 되도록 소화기를 설치해야 하는 특정 소방대상물 또는 그 부분에 있어서는 간이 소화 용구의 능력 단위가 전체 능력 단위를 초과하지 않도록 해야 한다.

정답 및 해설

137 ③

해 ① 소화기까지 보행 거리는 20m 이내이다. ② 지시압력계 정상 범위는 0.7~0.98㎫이다. ④ 능력 단위를 2단위 이상 설치해야 하는 소방대상물은 간이소화 용구의 능력 단위가 전체 ½을 초과하지 않도록 해야 한다.

★ 138 대형 소화기의 능력 단위로 옳은 것을 고르시오.

① A5, B10 이상

② A10, B20 이상

③ A15, B30 이상

④ A20, B30 이상

★ 139 ABC 분말소화기의 소화약제 종류를 고르시오.

① 제1인산암모늄

② 탄산수소나트륨

③ 탄산수소칼륨

④ 탄산수소칼륨 + 요소

정답 및 해설

138 ②

해 대형 소화기는 능력 단위가 A10 이상, B20 이상인 것을 말한다.

139 ①

해 ABC 분말소화기의 약제는 제1인산암모늄이다.

이산화탄소 소화약제의 소화 작용을 고르시오.

① 질식, 제거 효과

② 냉각, 제거 효과

③ 냉각, 질식 효과

④ 질식, 억제(부촉매) 효과

특정 소방대상물별 소화 기구의 능력 단위가 해당 용도의 바닥면적 100㎡마다 능력 단위 1단위 이상일 때 소방대상물이 아닌 것을 고르시오.

① 근린생활 시설

② 운수 시설

③ 숙박 시설

④ 위락 시설

정답 및 해설

140 ③

해 이산화탄소 소화기는 냉각과 질식 효과로 화재를 진압한다.

141 ④

해 위락 시설은 30㎡마다 설치하고, 근린생활 시설, 숙박업, 운수업 등은 100㎡마다 1단위 소화기를 설치한다.

바닥면적 1,000㎡인 근린생활 시설에 2단위 분말소화기를 설치하려 한다. 최소 몇 개가 필요한지 고르시오.

① 3개 ② 4개
③ 5개 ④ 6개

★★★
143

바닥면적 1,700㎡의 업무 시설에서 요구되는 소화기의 능력 단위는 몇인지 고르시오. (내화 구조에 불연재이다)

① 능력 단위 6만큼 충족되어야 한다.
② 능력 단위 7만큼 충족되어야 한다.
③ 능력 단위 8만큼 충족되어야 한다.
④ 능력 단위 9만큼 충족되어야 한다.

정답 및 해설

142 ③

해 근린생활 시설은 100㎡마다 1단위 소화기를 설치하여 10단위(1,000÷100)이다. 이에 2단위 소화기를 설치하므로 5개(10÷2)를 설치한다.

143 ④

해 업무 시설의 소화기 설치 기준은 100㎡마다 능력 단위 1 이상을 설치해야 한다. 해당 업무 시설은 내화 구조와 불연재이므로 2배 완화 기준(200㎡)으로 적용된다. 즉, 1,700÷200=8.5≒9단위(소수점 올림)이다.

144 ★★★

바닥면적 2,500㎡인 근린생활 시설에 3단위 분말소화기를 설치하려 한다. 최소 몇 개가 필요한지 고르시오. (단, 이 건물은 내화 구조로 되어 있음)

① 2개 ② 3개

③ 4개 ④ 5개

145 ★★★

다음 <보기>의 바닥면적에 적합한 능력 단위 및 소화기 설치 개수를 고르시오.

<보기>	1. 바닥면적 1,000㎡이다. 2. 용도는 근린생활 시설이다. 3. 건축물은 내화 구조이고, 내장재는 불연재이다. 4. 소화기 ABC 분말소화기(2단위)를 설치한다. 5. 상기 외의 기준은 산정에서 제외한다.

① 2개 ② 3개

③ 4개 ④ 5개

정답 및 해설

144 ④

해 근린생활 시설 : 100㎡마다 1단위(내화 구조는 200㎡),
내화 구조인 경우 2,500÷200=12.5≒13단위(소수점 올림),
3단위 소화기를 설치하므로 13÷3=4.33≒5개(소수점 올림)이다.

145 ②

해 근린생활 시설에 내화 구조이므로 1,000÷200 = 5단위, 2단위 소화기를 설치하므로 5÷2=2.5 ≒ 3개(소수점 올림)이다.

개념 핵심 포인트

옥내 소화전, 옥외 소화전, 스프링클러의 특징

<table>
<tr><th></th><th colspan="2">옥내 소화전</th><th>옥외 소화전</th><th>스프링클러</th></tr>
<tr><td>방수량</td><td colspan="2">130ℓ/min</td><td>350ℓ/min</td><td>80ℓ/min</td></tr>
<tr><td>방수압</td><td colspan="2">0.17~0.7㎫
(100 곱하면 거리값 17~70m)
방수압력측정계(피토게이지)
활용</td><td>0.25~0.7㎫
(100곱하면 거리값
25~70m)</td><td>0.1~1.2㎫</td></tr>
<tr><td rowspan="3">수원</td><td>30층 미만</td><td>2.6㎥/20분</td><td>7㎥</td><td></td></tr>
<tr><td>30~49층</td><td>5.2㎥/40분</td><td></td><td></td></tr>
<tr><td>50층 이상</td><td>7.8㎥/60분</td><td></td><td></td></tr>
<tr><td>수평 거리</td><td colspan="2">25m 이하</td><td>40m 이하</td><td></td></tr>
<tr><td>방수 시간</td><td colspan="2">3분</td><td></td><td></td></tr>
<tr><td>방사 거리</td><td colspan="2">8m 이상</td><td></td><td></td></tr>
<tr><td>바닥 높이</td><td colspan="2">1.5m 이하</td><td></td><td></td></tr>
<tr><td>호스 구경</td><td colspan="2">40㎜(호스릴 25㎜)</td><td>65㎜</td><td></td></tr>
<tr><td>접결구 높이</td><td colspan="2"></td><td>0.5~1m</td><td></td></tr>
<tr><td>거리</td><td colspan="2"></td><td>5m 이내</td><td></td></tr>
</table>

옥내 소화전 설비

방수압력측정계(피토게이지)는 관창과 직각으로 측정한다.

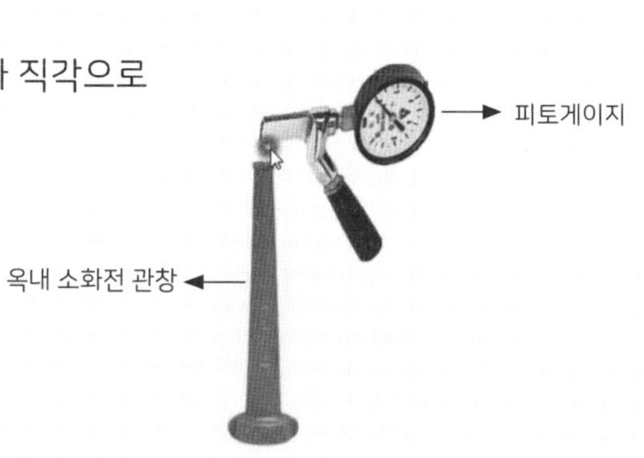

옥내 소화전 설비의 체절 운전 시 수온 상승을 방지하기 위해 설치하는 것을 고르시오.

① 순환배관

② 시험배관

③ 수압개폐장치

④ 물 올림장치

옥내 소화전 점검 시 법정 최소 기준 압력보다 0.1㎫ 높게 측정되었다. 측정된 압력이 몇인지 고르시오.

① 0.17㎫ ② 0.27㎫

③ 0.37㎫ ④ 0.47㎫

정답 및 해설

146 ①

해 순환 배관은 옥내 소화전에서 체절 운전 시 물을 순환시켜 수온의 상승을 방지한다.

147 ②

해 옥내 소화전의 방수 압력은 최소 0.17㎫ 이상~최대 0.7㎫ 이하이다. 문제에서 최소 기준 압력보다 0.1㎫ 높게 측정되었다고 했으므로 최소값 0.17+0.1=0.27㎫가 답이다.

옥내 소화전 설비 방수 압력 측정의 주의사항으로 옳지 않은 것을 고르시오.

① 반드시 직사형 관창을 이용하여 측정하여야 한다.

② 방수압력측정계는 봉상 주수 상태에서 비스듬하게 측정하여야 한다.

③ 초기 방수 시 물 속에 존재하는 이물질을 완전히 배출한다.

④ 초기 방수 시 물 속에 존재하는 공기를 완전히 배출한다.

정답 및 해설

148 ②

해 방수압력측정계(피토게이지)를 통한 옥내 소화전의 압력 측정 방법을 설명한 사진을 참고하면, 방수압력측정계는 관창 지름의 1/2 거리에서 직각으로 방수압을 측정해야 한다.

149 옥내 소화전 방수 압력 시험에 적합한 장비를 고르시오.

① 

② 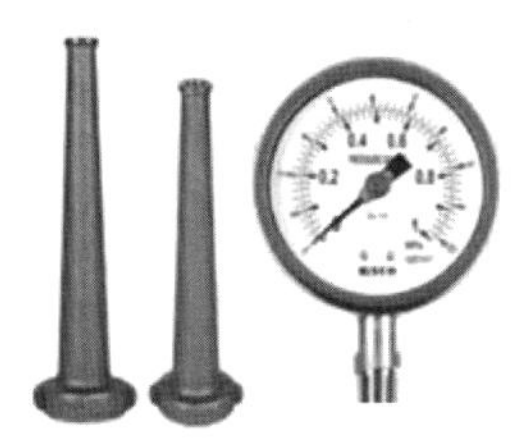

③ 

④ 

정답 및 해설

149 ③

해 옥내 소화전과 옥외 소화전의 관창을 알고 있는지에 대한 문제이다. ③의 왼쪽 길쭉한 꼬깔 모양의 관창이 옥내 소화전의 관창이며, 오른은 옥내 소화전의 압력을 측정하는 피토게이지이다.

옥내 소화전 방수 압력 시험 측정 방법으로 옳은 것을 고르시오.

①

②

③

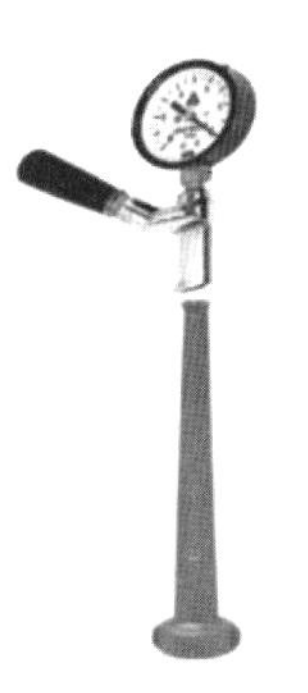

④

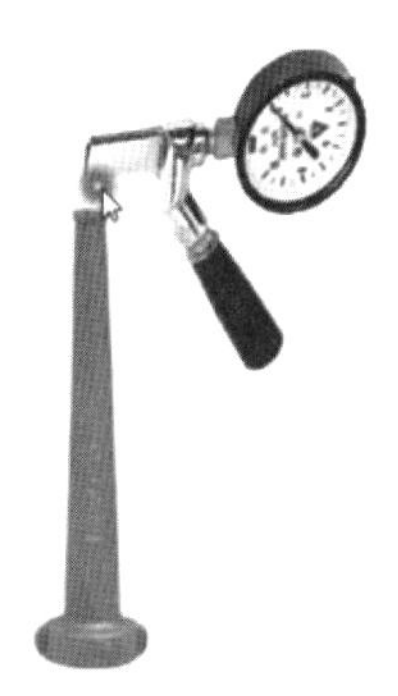

정답 및 해설

150 ④

해 옥내 소화전의 관창과 피토게이지로 그 압력을 올바르게 측정할 수 있는지를 묻는 문제이다. ②~④까지의 관창은 옥내 소화전의 관창이 맞다. 하지만 ③은 잘못된 측정 형태이고, ②는 측정 방향은 맞으나 관창으로부터 너무 멀리 떨어져 있다. 따라서 ④처럼 호수 노즐의 ½ 위치에서 압력계를 대고 측정하는 것이 올바른 방법이다.

151 옥내 소화전 설비 중 수원의 종류가 아닌 것을 고르시오.

① 지하 수조

② 압력 수조

③ 맨홀

④ 고가 수조

152 옥외 소화전 설비의 방수량과 방수압의 최소 기준을 고르시오.

① 0.17Mpa, 130ℓ/min 이상

② 0.17Mpa, 350ℓ/min 이상

③ 0.25Mpa, 350ℓ/min 이상

④ 0.25Mpa, 130ℓ/min 이상

정답 및 해설

151 ③

해 맨홀은 옥내 소화전 수원의 종류와는 상관이 없다.

152 ③

해 옥내 소화전 설비의 방수압은 최소 0.17MPa에서 최대 0.7MPa이고, 방수량은 130ℓ/min이다.

옥외 소화전 설비의 방수압은 최소 0.25MPa에서 최대 0.7MPa이고, 방수량은 350ℓ/min이다.

153 다음 (   ) 안에 알맞은 말을 고르시오.

> 옥외 소화전 설비는 소방대상물의 각 부분으로부터 호스 접결구까지의 (   ) 가 (   ) 가 되도록 설치해야 하며, 호수의 구경은 (   ) 의 것으로 해야 한다.

① 보행 거리, 20m 이하, 40㎜

② 수평 거리, 20m 이하, 50㎜

③ 수평 거리, 40m 이하, 65㎜

④ 수평 거리, 40m 이상, 65㎜

정답 및 해설

153 ③

해 옥외 소화전 설치는 소방대상물의 각 부분으로부터 호스 접결구까지의 수평 거리가 40m 이하가 되도록 설치하고, 호스는 구경 65㎜의 것으로 한다.

154 옥내 소화전 설비에 관한 설명으로 옳지 않은 것을 고르시오.

① 소화전함의 두께는 1.5㎜ 이상이고, 강판 또는 두께 4㎜ 이상의 합성수지재로 한다.

② 방수 압력은 0.7㎫ 이상이고, 방수량은 매분 130ℓ 이상이어야 한다.

③ 방수구는 1.5m 이하의 위치에 설치한다.

④ 방수구의 수평 거리는 25m 이하가 되도록 한다.

155 옥내 소화전에 대한 점검 내용 중 옳지 않은 것을 고르시오.

① 수원은 상시 충분히 확보되어 있어야 한다.

② 위치표시등은 에너지 절약 차원에서 평상시 꺼둔다.

③ 소화전함이나 펌프 주위에는 장애물이 없어야 한다.

④ 호스는 화재 시 신속한 소화 활동을 위하여 잘 접어서 보관한다.

정답 및 해설

154 ②

해 방수 압력은 0.17~0.7㎫ 이하이다.

155 ②

해 소방 시설에 있어서 에너지 절약은 절대 하지 않는다.

★★
156

옥내 소화전의 배치 거리로 적합한 것을 고르시오.

① 보행 거리 25m 이하

② 보행 거리 40m 이하

③ 수평 거리 25m 이하

④ 수평 거리 40m 이하

★★
157

옥외 소화전의 배치 거리로 적합한 것을 고르시오.

① 보행 거리 25m 이하

② 보행 거리 40m 이하

③ 수평 거리 25m 이하

④ 수평 거리 40m 이하

정답 및 해설

156 ③

해 옥내 소화전의 배치 거리는 수평 거리 25m 이하이다.

157 ④

해 옥외 소화전의 배치 거리는 수평 거리 40m 이하이다.

10층 건물에 옥내 소화전이 1~5층까지는 3개, 6~9층까지는 4개, 10층에는 5개가 설치되어 있다. 옥내 소화전 설비의 저수량은 최소 몇 ㎥ 이상이어야 하는지 고르시오.

① 2.6 ② 5.2

③ 13 ④ 14

25층 건물에서 옥내 소화전이 1~10층까지 5개, 11~25층까지 4개가 설치되어 있다. 옥내 소화전 설비의 저수량은 최소 몇 ㎥ 이상이어야 하는지 고르시오.

① 2.6 ② 5.2

③ 13 ④ 14

158 ②, 159 ②

해 30층 미만의 건물에서는 옥내 소화전의 개수가 몇 개이던 최소 저수량 문제가 나오면 5.2㎥를 답으로 고르면 된다.

160 옥내 소화전 방수 압력을 측정할 때 피토게이지의 대략적인 거리를 고르시오. (D : 관의 지름)

① D ② D/2

③ D/3 ④ D/4

정답 및 해설

160 ②

해 피토게이지는 방수압력측정계를 말하며, 관 지름의 ½ 거리에서 측정한다.

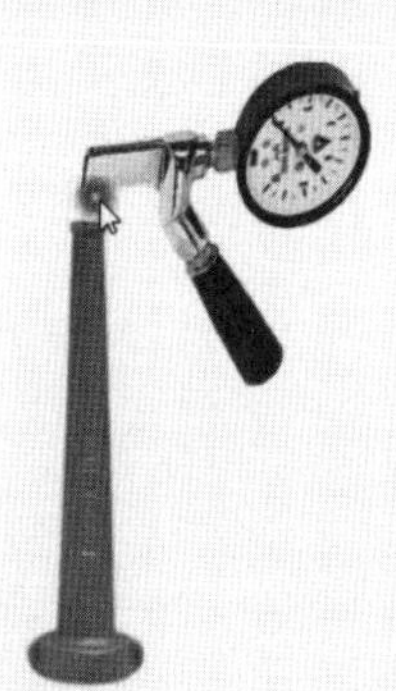

7강 강의 영상

스프링클러와 소화 설비

개념 핵심 포인트

스프링클러의 종류와 특징

종류	작동 방식	특징	적용 시설물
습식	1차 소화수, 2차 소화수	간단, 신속, 저렴, 동결 우려, 헤드 오작동 시 수손(물에 의한 물건 등의 피해) 피해, 폐쇄형 헤드	일반 건축물의 실내
건식	1차 소화수, 2차 압축공기	지연, 복잡, 동결 우려, 옥외 설치에 매우 유리	동결이 우려되는 건축물 및 실외
준비작동식	1차 소화수 2차 대기압 물 보충(충수) 후 헤드 개방	수손 피해 없음, 가격이 상대적으로 비쌈	대형 주차장 시설
일제살수식	1차 소화수, 2차 대기압, 개방형 헤드(작동 시 모든 헤드에서 살수)	초기 대응 신속, 수손 피해, 감지 장치 별도 필요	층고가 높은 대형 물류 창고

가지배관

스프링클러 헤드가 직접 설치되어 있는 배관으로, 헤드 설치는 8개 이하이다.

스프링클러

1. 폐쇄형 헤드(감열체), 개방형 헤드(감열체 없음)
2. **부착 방식의 분류** : 상향형, 하향형, 측벽형
3. **방수 압력** : 0.1MPa 이상~1.2MPa 이하, 방수량 80ℓ/분
4. **헤드 기준 개수** : 특수 가연물 공장
   - 11층 이상 건축물, 판매 시설 _ 30개
   - 10층 이하 근린생활 시설 _ 20개
   - 아파트 _10개

7강 스프링클러와 소화 설비

스프링클러 설비 분류에 포함되지 않는 것을 고르시오.

① 습식

② 개방형

③ 준비 작동식

④ 일제 살수식

정답 및 해설

161 ②

해 스프링클러에는 건식, 습식, 준비작동식, 일제살수식으로 네 가지 종류가 있다.

★★★ 162

다음 <보기>에서 습식 스프링클러의 작동 순서를 올바르게 나열한 것을 고르시오.

<보기> ㄱ. 화재 발생
ㄴ. 헤드 개방 및 방수
ㄷ. 2차측 배관 압력 저하
ㄹ. 1차측 압력에 의한 클리퍼 개방
ㅁ. 배관 내 압력 저하로 기동용 수압개폐장치의 압력 스위치 작동
ㅂ. 습식 유수검지장치의 압력 스위치 작동, 사이렌 경보, 감시제어반의 화재표시등, 밸브개방표시등 점등

① ㄱ - ㄴ - ㄷ - ㄹ - ㅂ - ㅁ

② ㄱ - ㄴ - ㄹ - ㄷ - ㅂ - ㅁ

③ ㄱ - ㄴ - ㄷ - ㄹ - ㅁ - ㅂ

④ ㄱ - ㄴ - ㅂ - ㅁ - ㄹ - ㄷ

정답 및 해설

162 ①

해 | 습식 스프링클러의 작동 순서 |

1) 화재 발생 2) 헤드 개방 및 방수 3) 2차측 배관 압력 저하
4) 1차측 압력에 의해 습식 유수검지장치의 클리퍼 개방
5) 습식 유수검지장치의 압력 스위치 작동, 사이렌 경보, 감시제어반의 화재표시등, 밸브개방표시등 점등
6) 배관 내 압력 저하로 기동용 수압개폐장치의 압력 스위치 작동, 펌프 기동

163 스프링클러 헤드 30개가 적용되는 장소가 아닌 것을 고르시오.

① 판매 시설

② 지하층을 제외한 11층 건물(아파트가 아님)

③ 지하 역사

④ 헤드 부착 높이가 8m 이상인 교육연구 시설

164 스프링클러의 장단점으로 옳지 않은 것을 고르시오.

① 습식 : 동결 우려가 있어 실외 설치가 곤란함

② 건식 : 압축 공기에 의한 화재 촉진 우려

③ 준비작동식 : 초기 화재에 신속 대처 용이

④ 일제살수식 : 수손 피해 우려

정답 및 해설

163 ④

해 스프링클러 30개 이상은 11층 이상 건물(아파트 제외), 판매 시설, 지하 역사, 특수 가연물 창고 및 공장 등이다.

164 ③

해 ③은 일제살수식에 적합한 설명이다.

실외에 설치하기 곤란한 스프링클러 방식을 고르시오.

① 습식

② 건식

③ 준비작동식

④ 일제살수식

정답 및 해설

165 ①

해 습식 스프링클러는 겨울철 동파 우려 및 부식의 우려가 있다.

다음 <보기> 그림에 대한 설명 중 옳지 않은 것을 고르시오.

<보기>

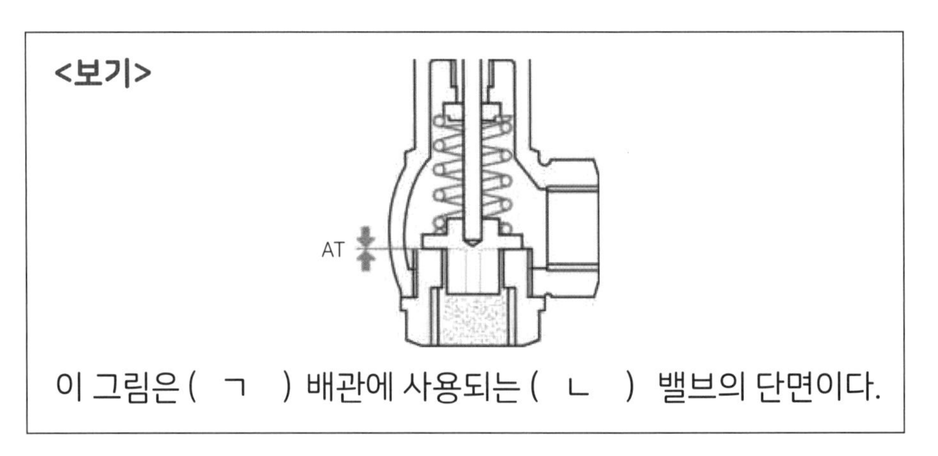

이 그림은 (ㄱ) 배관에 사용되는 (ㄴ) 밸브의 단면이다.

① ㄱ은 순환배관이다.

② ㄴ은 릴리프밸브이다.

③ 수온이 하강하면 ㄴ을 통해 과압이 방출된다.

④ 펌프의 체절 운전 시 사용된다.

정답 및 해설

166 ③

해 순환배관은 수온이 상승하면 릴리프밸브를 통해 과압이 방출된다.

스프링클러 헤드의 방수구에서 유출되는 물을 세분시키는 부위의 명칭을 고르시오.

① 프레임

② 디플렉터

③ 감열체

④ 나사부

정답 및 해설

167 ②

해 **프레임** : 헤드의 나사 부분과 디플렉터를 연결하는 이음쇠이다.

디플렉터 : 헤드의 방수구에서 유출되는 물을 세분화한다.

감열체(감열부) : 평상시에 방수구를 막고 있다가 열에 의해 일정 온도에 도달하면 스스로 개방된다.

디플렉터

168 설치 장소별 스프링클러 헤드의 기준 개수로 옳지 않은 것을 고르시오.

① 아파트 : 10개

② 지하층 제외 층수가 10층 이하인 판매 시설 또는 복합건축물 : 20개

③ 지하층 제외 층수가 11층 이상인 소방대상물(아파트 제외) : 30개

④ 지하층 제외 층수가 10층 이하인 특수가연물 저장·취급 창고 : 30개

169 스프링클러 헤드가 설치되어 있는 배관을 무엇이라고 하는지 고르시오.

① 주배관

② 가지배관

③ 교차배관

④ 순환배관

정답 및 해설

168 ②

해 스프링클러 30개 이상은 11층 이상 건물(아파트 제외) 판매 시설, 지하 역사, 특수가연물 창고 및 공장 등이다. 복합건축물인 ②는 헤드의 개수가 30개가 되어야 한다.

169 ②

해 ③의 교차배관은 직접 또는 수직배관을 통하여 가지배관에 급수하는 배관을 말한다.

★★ 170

다음 사진은 준비작동식 스프링클러 밸브이다. 밸브 개방 시험 전 안전 조치로 옳은 것을 고르시오.

① 1차 : 개방 / 2차 : 개방

② 1차 : 폐쇄 / 2차 : 폐쇄

③ 1차 : 개방 / 2차 : 폐쇄

④ 1차 : 폐쇄 / 2차 : 개방

정답 및 해설

170 ③

해 준비작동식 스프링클러 개방 시험을 위한 안전 조치로 1차는 개방하고, 2차는 폐쇄한다.

★
171

다음 중 습식 스프링클러로 옳은 것을 고르시오.

①

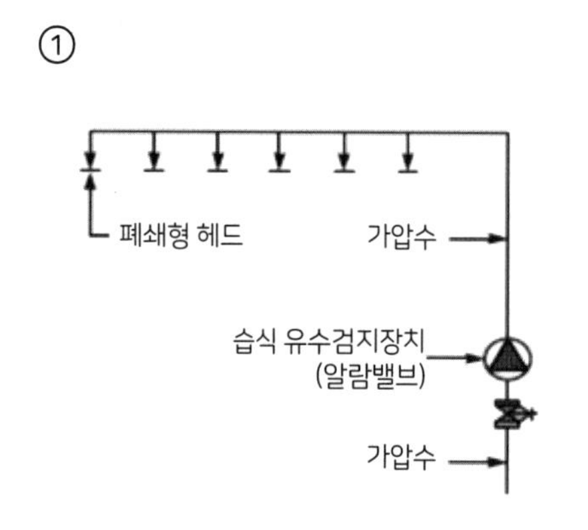

②

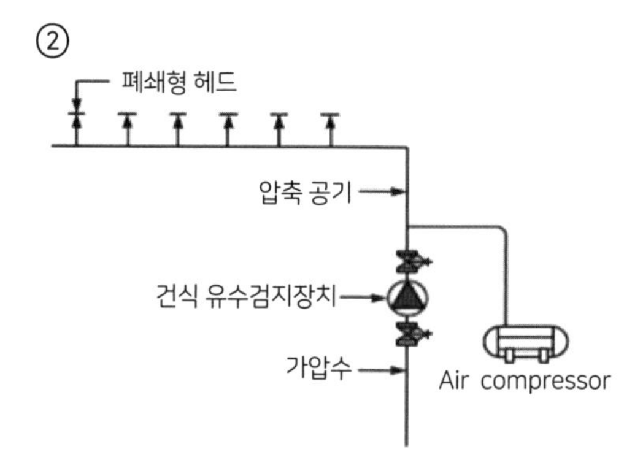

③

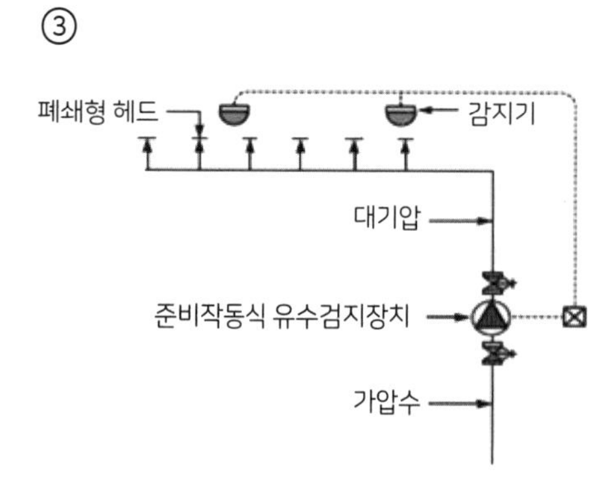

④

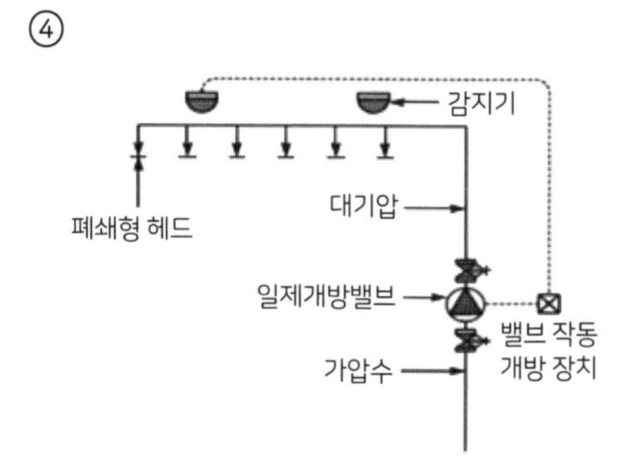

정답 및 해설

171 ①

해 습식 스프링클러는 '습식 유수검지장치'가 있는 것이 특징이다.
구조가 단순하고 가압수(물)에 의해 작동한다는 특징이 있다.

다음 중 건식 스프링클러로 옳은 것을 고르시오.

①

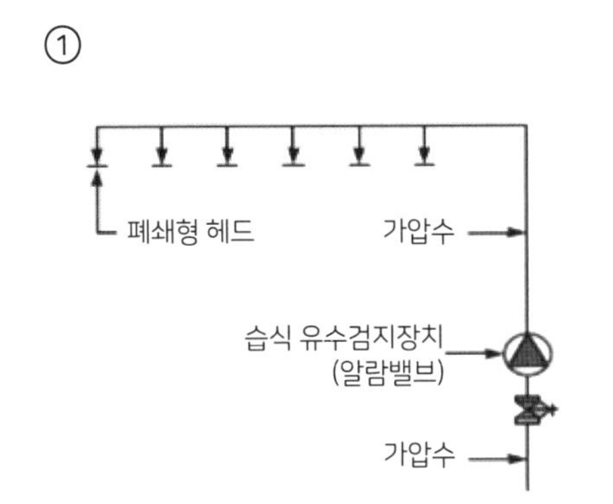

②

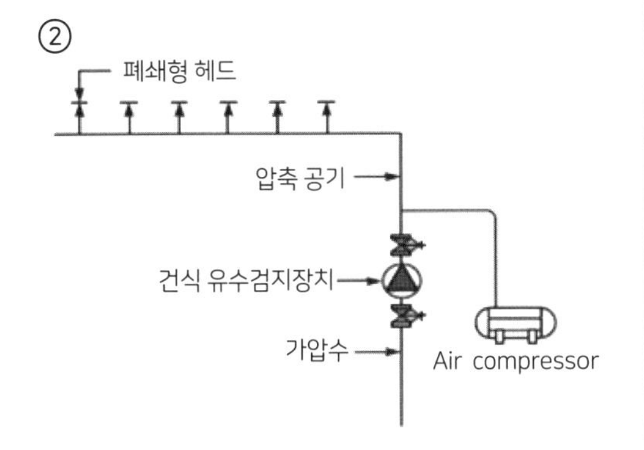

③

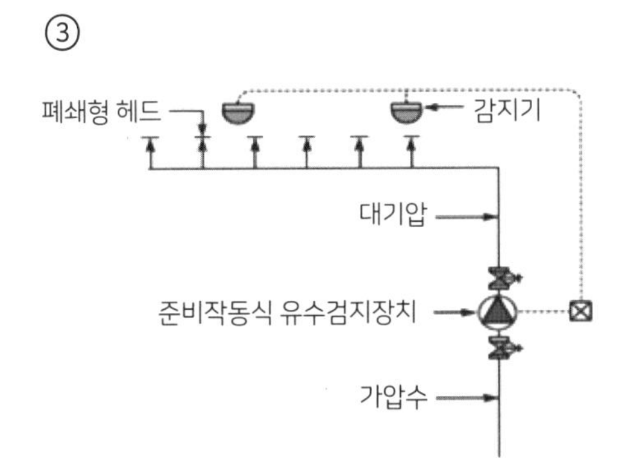

④

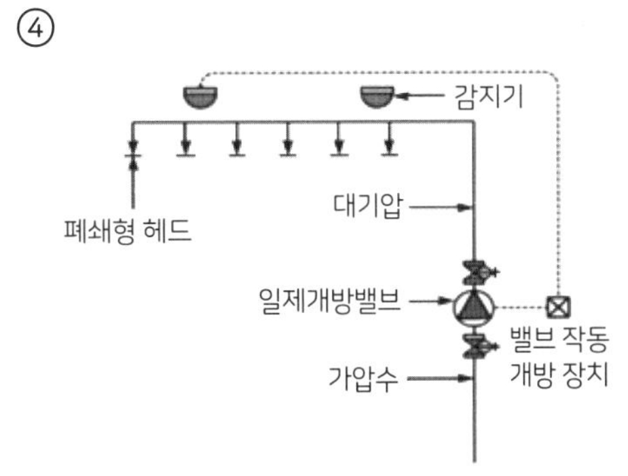

정답 및 해설

172 ②

해 건식 스프링클러는 '건식유수검지장치'가 있고, 압축 공기를 통하여 물을 이동시켜 작동한다는 특징이 있다.

★ 173

다음 중 준비작동식 스프링클러로 옳은 것을 고르시오.

①

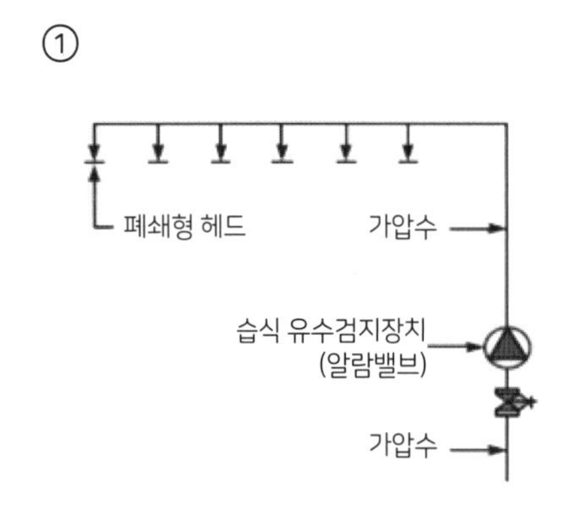

②

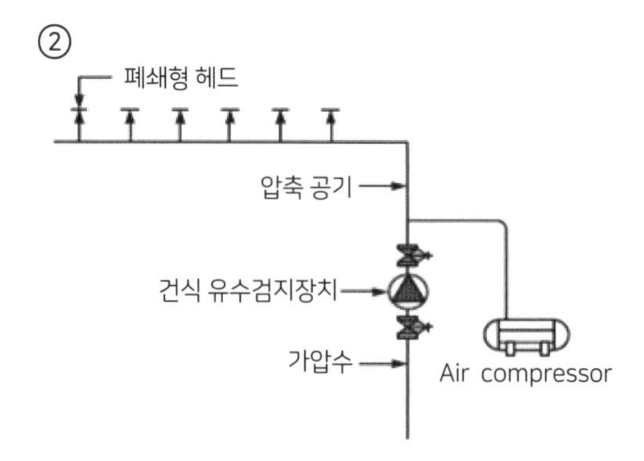

③

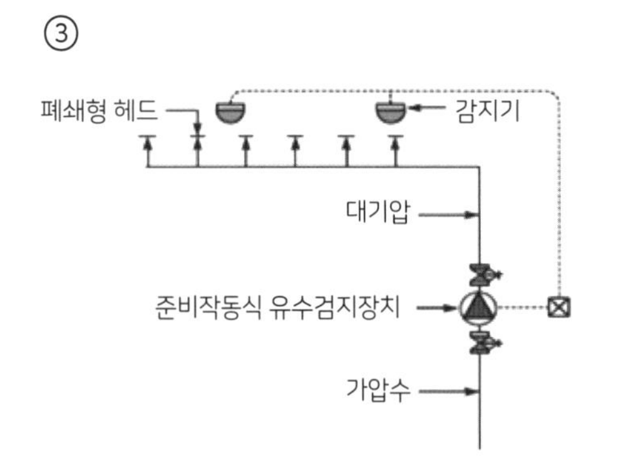

④

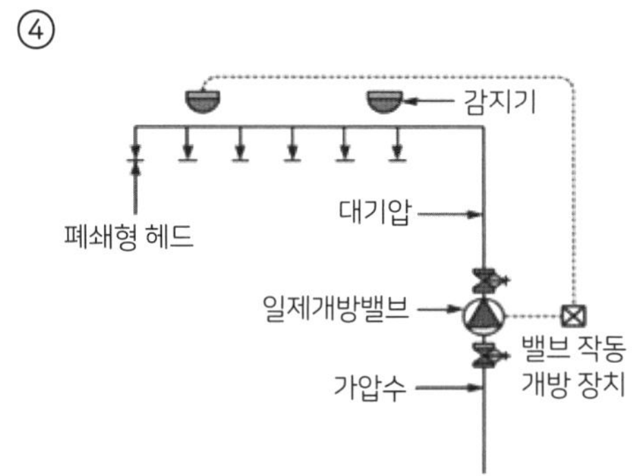

정답 및 해설

173 ③

해 준비작동식 스프링클러는 '준비작동식 유수검지장치'가 들어간다. 준비작동식 유수검지장치는 '프리액션벨브'라는 표현으로 더 많이 불린다. 수손 피해가 없고 야외 설치가 가능한 것이 특징이지만, 상대적으로 가격이 비싸다.

★ 174 다음 중 일제살수식 스프링클러로 옳은 것을 고르시오.

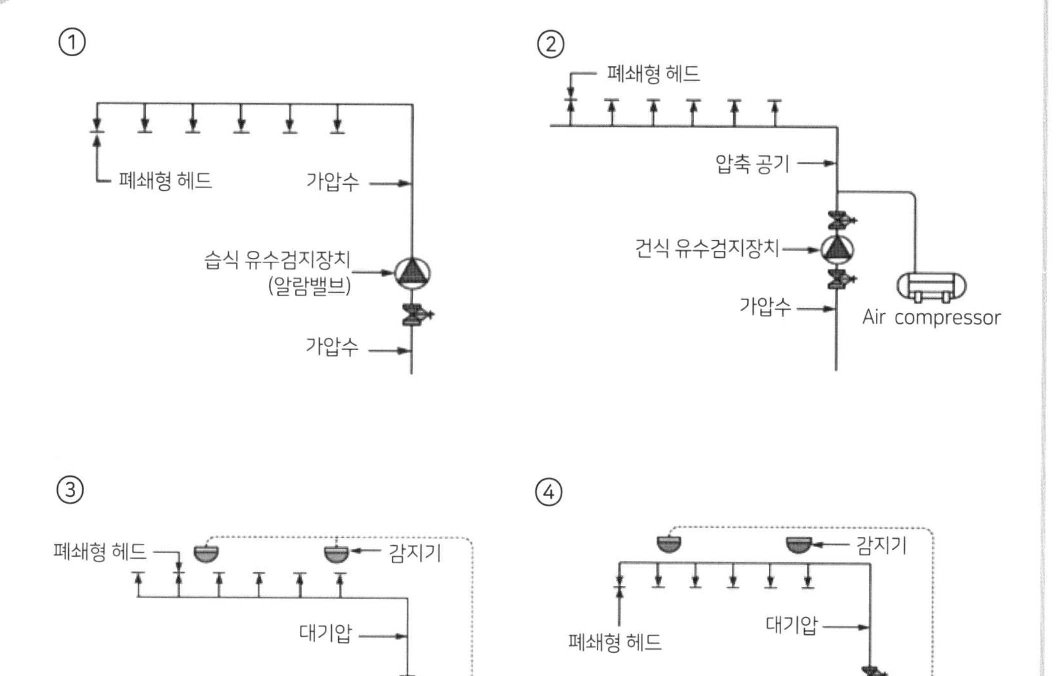

정답 및 해설

174 ④

해 일제살수식 스프링클러는 일제개방밸브에 의해 스프링클러가 작동하는 것이 특징이다. 화재를 확실히 통제할 수 있다는 장점이 있지만, 물로 인한 수손 피해를 입을 수 있다는 단점이 있다.

개념 핵심 포인트

소방 설비의 종류

관계인 사용	소화 설비	1. 소화 기구(소화기, 간이 소화용구, 자동확산 소화기) 2. 자동 소화 장치 3. 옥내 소화전 설비 4. 스프링클러 설비 5. 물 분무 등 소화 설비(일반 화재가 아닌 것) 6. 옥외 소화전 설비
	경보 설비 (소리로 화재 경보)	1. 비상 경보 설비(비상벨, 자동식 사이렌) 2. 단독 경보형 감지기 3. 비상 방송 설비 4. 누전 경보기 5. 자동화재탐지 설비 및 시각 경보기 6. 자동화재속보 설비 7. 가스 누설 경보기 8. 통합 감시 시설
	피난 구조 설비 (대피 장비)	1. 피난 기구 2. 인명 구조 기구 3. 유도등 및 유도 표지 4. 비상조명등 및 휴대용 비상조명등
소방관 사용	소화 용수 설비	상수도 용수 설비
	소화 활동 설비	1. 제연 설비(풍속풍압계, 폐쇄력 측정기, 차압계) 2. 비상 콘센트 설비 3. 연소 방지 설비 4. 무선통신보조 설비 5. 연결송수관 설비 6. 연결살수 설비

✓ 감지기의 종류

감지기

1. **차동식 스포트형** : 온도가 갑자기 오를 때 동작
   (사무실, 매장, 가정집)
2. **정온식 스포트형** : 일정 온도 이상 온도 상승 때 동작
   (주방, 보일러실)
3. **연기 감지기** : 계단, 복도 등에 설치

✓ 음향 장치의 종류

1. 주음향장치(수신기)
2. 지구음향장치(발신기)
3. 수평거리 25m 이하 설치
4. 1m 떨어진 곳에서 90㏈ 이상
   - **방화층 및 직상발화경보** : 5층 이상이고 연면적 3,000㎡ 초과

✓ 유도등 및 유도 표지의 종류

유도 표지

- 정상 상태에서는 상용 전원으로 점등
- 정전 시 비상 전원으로 자동 전환되어 20분 이상 작동
  (지하 상가는 60분 이상)

1. **공연장, 유흥주점** : 대형, 객석 유도등
2. **위락 시설** : 대형
3. **숙박 시설** : 중형
4. **근린생활 시설, 노유자 시설, 교육연구 시설, 아파트** : 소형
5. **그 밖의 것** : 표지

✓ 유도등 설치 위치

1. **피난구 유도등** : 높이 1.5m 이상 출입구 인접
2. **통로 유도등** : 복도(높이 1m 이하), 거실(높이 1.5m 이상), 계단(높이 1m 이하)
3. **객석 유도등 설치 개수** : (객석 통로의 직선 부분의 길이 ÷4)-1
   ➡ ㉧ 객석 통로가 20m일 때, (20÷4)-1 = 4개
4. **2선식이 원칙**
5. **3선식이 가능할 때** : 외부광이 좋은 곳, 공연장 및 암실, 종사원 사용 장소

175 다음 소화 설비 중 비상 전원이 필요하지 않는 것을 고르시오.

① 옥내 소화전 설비

② 스프링클러 설비

③ 포소화 설비

④ 옥외 소화전 설비

176 소화 설비에 해당하는 것을 고르시오.

① 상수도 소화용수 설비

② 옥내 소화전 설비

③ 연결 살수 설비

④ 연결 송수관 설비

정답 및 해설

175 ④

해 실외에 있는 옥외 소화전은 비상 전원이 필요하지 않다.

176 ②

해 | 소화 설비 |

1. 소화 기구 2. 자동 소화 장치 3. 옥내 소화전 설비
4. 스프링클러 설비 5. 물 분무 등 소화 설비 6. 옥외 소화전 설비

경보 설비에 해당하지 않은 것을 고르시오.

① 자동화재속보 설비

② 자동식 사이렌 설비

③ 비상조명등

④ 비상 방송 설비

소화 활동 설비가 아닌 것을 고르시오.

① 제연 설비

② 무선통신보조 설비

③ 비상 경보 설비

④ 연결 살수 설비

정답 및 해설

177 ③

해 경보 설비는 화재를 소리로 알려 주는 것을 말한다.
1. 비상 경보 설비(비상벨, 자동식 사이렌) 2. 단독 경보형 감지기
3. 비상 방송 설비 4. 누전 경보기 5. 자동화재탐지 설비 및 시각 경보기
6. 자동화재속보 설비 7. 가스 누설 경보기 8. 통합 감시 시설

178 ③

해 소방 활동 설비는 소방관이 사용하는 것이다. 그것에 부합하지 않는 것을 찾으면 된다.

다음 중 피난 설비를 고르시오.

① 유도등

② 비상 방송 설비

③ 제연 설비

④ 자동화재속보 설비

정답 및 해설

179 ①

해 ② 비상 방송 설비는 경보 설비에 해당하며, ③ 제연 설비는 소화 활동 설비로 소방관이 사용한다. ④ 자동화재속보 설비는 경보 설비에 해당한다.

다음 그림에 대한 설명 중 옳지 않은 것을 고르시오.

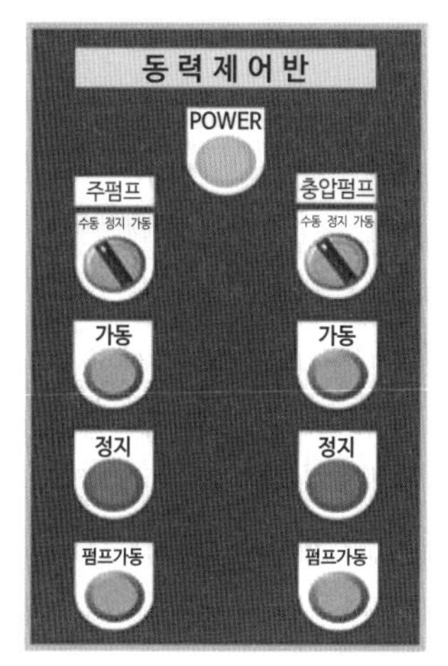

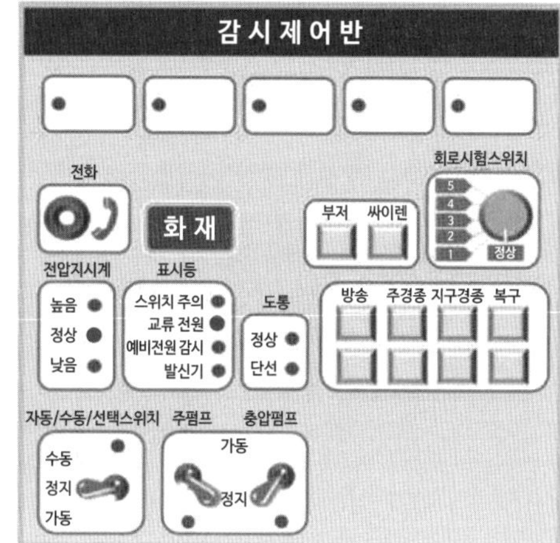

① 동력제어반의 주펌프 선택 스위치는 평상시 자동 상태에 두어야 한다.

② 동력제어반의 충압펌프 선택 스위치는 평상시 자동 상태에 두어야 한다.

③ 감시제어반의 자동/수동 선택 스위치는 평상시 수동 상태에 두어야 한다.

④ 감시제어반의 주펌프, 충압펌프 선택 스위치는 평상시 정지 상태에 두어야 한다.

정답 및 해설

180 ③

해 동력제어반과 감시제어반의 평상시 스위치는 항상 자동 상태로 되어 있어야 한다.

★ 181 다음 그림의 약제 방출 방식을 고르시오.

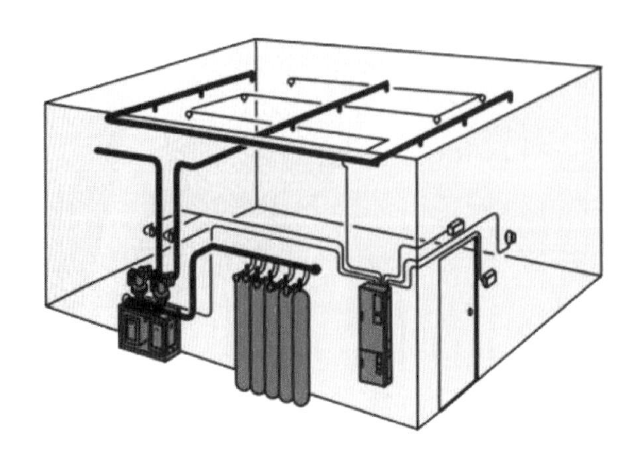

① 전역 방출 방식
② 국소 방출 방식
③ 호스릴 방식
④ 가스 방출 방식

정답 및 해설

181 ①

해 전역 방출 방식을 설명하는 그림이다. 전역 방출 방식이란 화재가 감지되면 화재가 난 지역뿐만 아니라 화재가 나지 않은 지역을 포함하여 화재 구역 전체에 소화약제를 방출하는 것을 말한다.

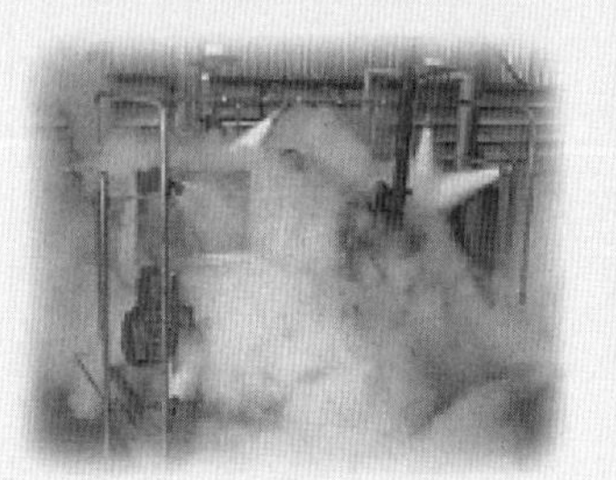
국소 방출 방식

호스릴 방식

★ 182 다음 그림에서 배선의 정상 여부를 확인하려 한다. 눌러야 할 스위치로 옳은 것을 고르시오.

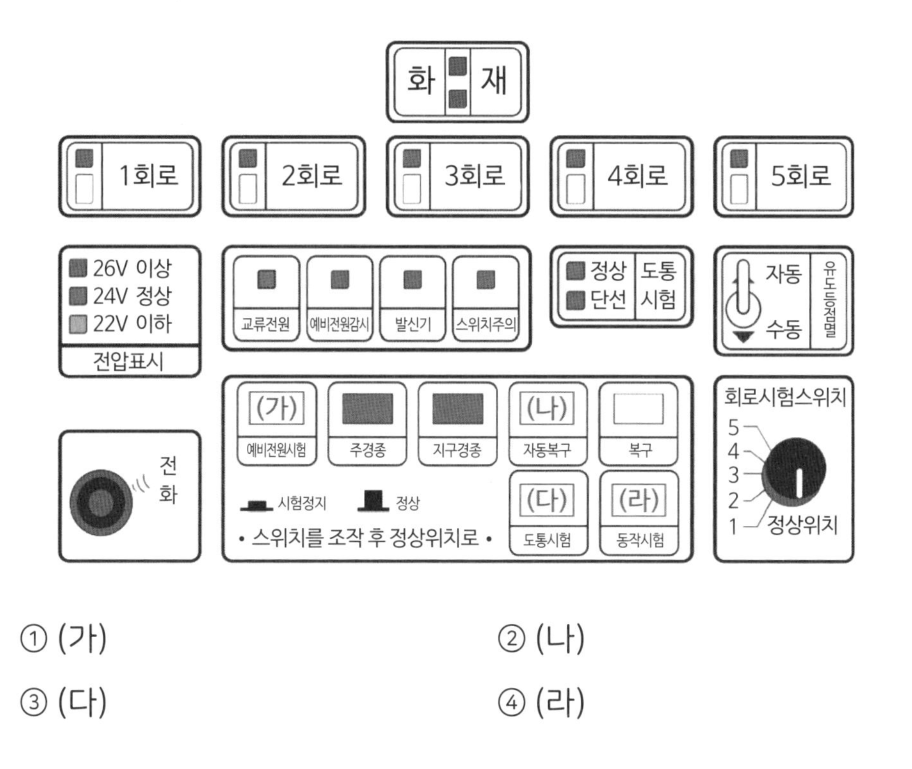

① (가)　　② (나)

③ (다)　　④ (라)

정답 및 해설

182 ③

해 배선의 정상 여부 판단은 도통시험 버튼을 눌러 확인한다.
도통시험이란 감지기와 수신반의 배선 및 송수신 상태가 정상적으로 작동하고 있는지 확인하는 것을 말한다.

★ 183

다음 그림 중 예비 전원을 확인하기 위해 눌러야 할 스위치로 옳은 것을 고르시오.

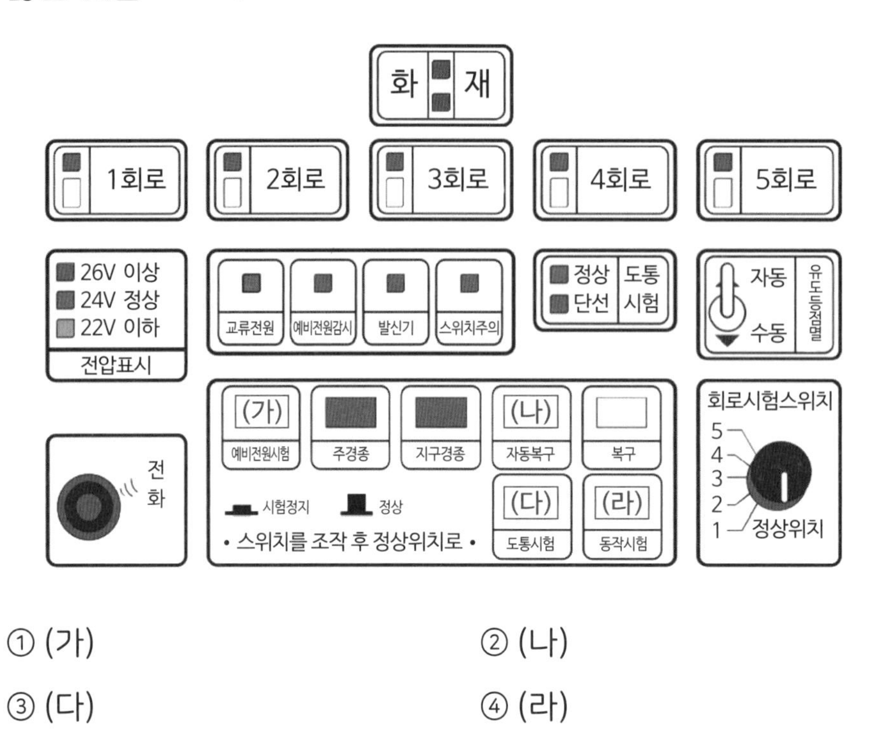

① (가)
② (나)
③ (다)
④ (라)

정답 및 해설

183 ①

해 예비 전원은 (가) 스위치를 눌러 정상 여부를 판단한다.

자동화재탐지 설비의 도통시험 적합 판정 여부로 옳지 않은 것을 고르시오.

① 전압계가 있는 경우, 단선은 0v로 표시된다.

② 전압계가 있는 경우, 정상은 24v로 표시된다.

③ 단순히 확인등만 있는 경우, 정상은 녹색으로 점등된다.

④ 단순히 확인등만 있는 경우, 단선은 적색으로 점등된다.

정답 및 해설

184 ②

해 전압계가 있는 경우, 정상은 기판상에 4~8v로 표시된다.

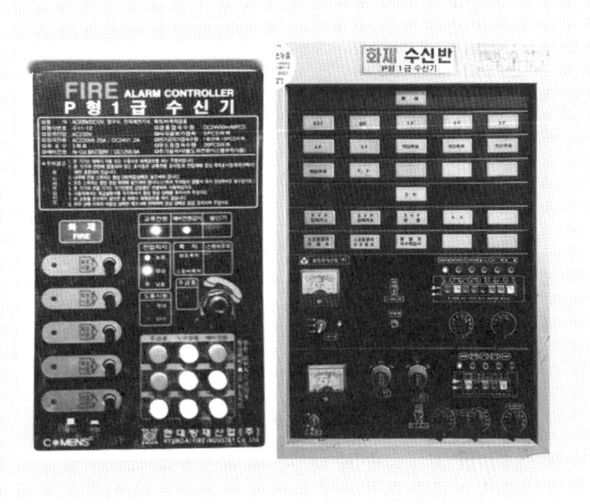

185 자동화재탐지 설비의 도통시험 적합 판정 여부로 옳지 않은 것을 고르시오.

① 전압계가 있는 경우, 단선은 0v로 표시된다.

② 전압계가 있는 경우, 정상은 4~8v로 표시된다.

③ 단순히 확인등만 있는 경우, 정상은 소등된다.

④ 단순히 확인등만 있는 경우, 단선은 적색으로 점등된다.

정답 및 해설

185 ②

해 확인등만 있는 경우 정상은 녹색등이 점등된다.

수신기의 점검으로 옳지 않은 것을 고르시오.

① 동작시험을 위해 축적, 비축적 스위치를 비축적에 놓고 시험한다.

② 도통시험 시 결과값이 0v이면 단선을 의미한다.

③ 예비 전원의 황색등이 점멸되면 22v 이하이다.

④ 동작시험의 경우 모든 회선을 동시에 작동시키며 시험한다.

정답 및 해설

186 ④

해 동작시험은 동시에 작동시키는 것이 아닌 각 층 혹은 호실마다 순차적으로 시험을 진행하여야 한다.
볼트가 나오는 문제는 예비 전원의 정상값인 24v와 도통시험의 4~8v 정도이다. 하지만 예비 전원과 도통시험의 값을 바꾸어 내는 문제들이 출제되고 있다. 예를 들어, 예비 전원의 값이 4~8v가 정상이라고 출제된다. 예비 전원의 24v와 도통시험의 4~8v를 혼동하지 말자.

187 수신기의 점검으로 옳은 것을 고르시오.

① 동작시험을 위해 축적, 비축적 스위치를 비축적에 놓고 시험한다.

② 도통시험 시 결과 19~29v의 값이 표시되면 정상이다.

③ 예비전원이 적색이면 정상이다.

④ 예비전원감시등이 소등된 경우, 예비 전원 연결 소켓이 분리되었거나 문제가 있음을 의미한다.

정답 및 해설

187 ①

해 도통시험 시 결과 4~8v의 값이 표시되어야 정상이다.
④의 예비전원감시등이 소등되어야 정상인데, 점등되었다면 예비전원 즉 배터리 등에 문제가 생긴 것이다.

188 평상시 감시제어반 설명으로 옳은 것을 고르시오.

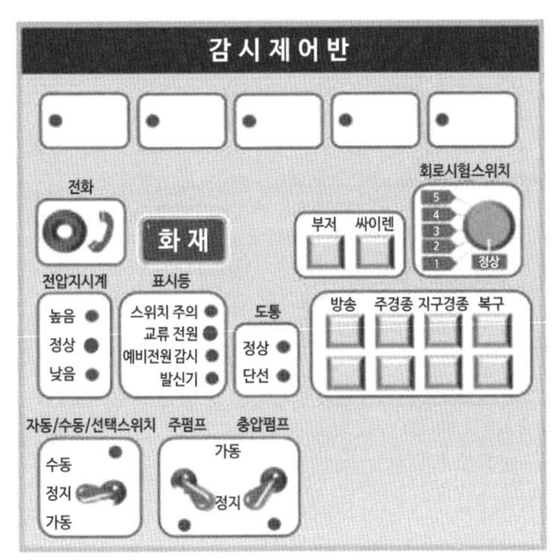

① 충압펌프 스위치는 수동이 정상이다.

② 주펌프 스위치는 수동이 정상이다.

③ 주펌프와 충압펌프는 정지 상태가 정상이다.

④ 현재 단선된 상태이다.

정답 및 해설

188 ③

해 충압펌프, 주펌프의 스위치는 평상시 정지 상태로 되어 있어야 한다. 단선이 일어난 경우, 도통 경보등이 적색이 되어야 한다.

스프링클러에 대한 설명으로 옳지 않은 것을 고르시오.

① 방수량은 80ℓ/min 이다.

② 방수압은 0.17~0.7㎫ 이하이다.

③ 아파트의 헤드 기준 개수는 10개이다.

④ 헤드에서 물을 세분화시키는 장치를 디플렉터라고 한다.

정답 및 해설

189 ②

해 스프링클러의 방수압은 0.1~1.2㎫이다. ②는 옥내 소화전의 방수압에 관한 설명이다.

190 스프링클러에 대한 설명으로 옳지 않은 것을 고르시오.

① 습식은 클리퍼 개방에 따른 압력수 유입으로 압력스위치가 작동한다.

② 일제살수식은 A or B 감지기 작동 시 펌프가 기동된다.

③ 건식은 평상시 2차측 배관이 압축공기 혹은 압축가스 상태로 유지된다.

④ 준비작동식은 방호 구역의 감지기 2개 회로가 작동될 때 유수검지장치가 작동된다.

정답 및 해설

190 ②

해 일제살수식은 A 감지기와 B 감지기가 동시에 작동 시 펌프가 가동된다. 둘 중 하나만 감지되었을 때는 펌프가 작동하지 않는다.

8강 강의 영상

P형 수신기 강의 영상
(*영상에 9강으로 표기)

자동화재탐지 설비와 P형 수신기

개념 핵심 포인트

자동화재탐지 설비

소방 시설의 종류에는 소화 설비, 경보 설비, 피난 구조 설비, 소화용수 설비, 소화 활동 설비가 있다. 이를 모두 외울 수는 없지만, 대략 어떤 범주에 들어가는 것인지는 구분해야 한다.

사용	설비		
관계인 사용	소화 설비	• 소화 기구 • 옥내 소화전 설비 • 물 분무 등의 소호 설비	• 자동 소화 장치 • 스프링클러 설비 • 옥외 소화전 설비
	경보 설비 (소리로 화재 경보)	• 단독 경보형 감지기 • 시각 경보기 • 화재 알림 설비 • 자동화재속보 설비 • 누전 경보기	• 비상 경보 설비 • 자동화재탐지 설비 • 비상 방송 설비 • 통합 감시 시설 • 가스누설 경보기
	피난 구조 설비 (대피 장비)	• 피난 기구 • 유도등	• 인명 구조 기구 • 비상조명등 및 휴대용 비상조명등
소방관 사용	소화 용수 설비	• 상수도 소화용수 설비 • 그 밖의 소화용수 설비	• 소화 수조, 저수조
	소화 활동 설비	• 제연 설비 • 연결살수 설비 • 무선통신보조 설비	• 연결송수관 설비 • 비상 콘센트 설비 • 연소 방지 설비

개념 핵심 포인트

2급 소방안전관리자가 알아야 할 수신기

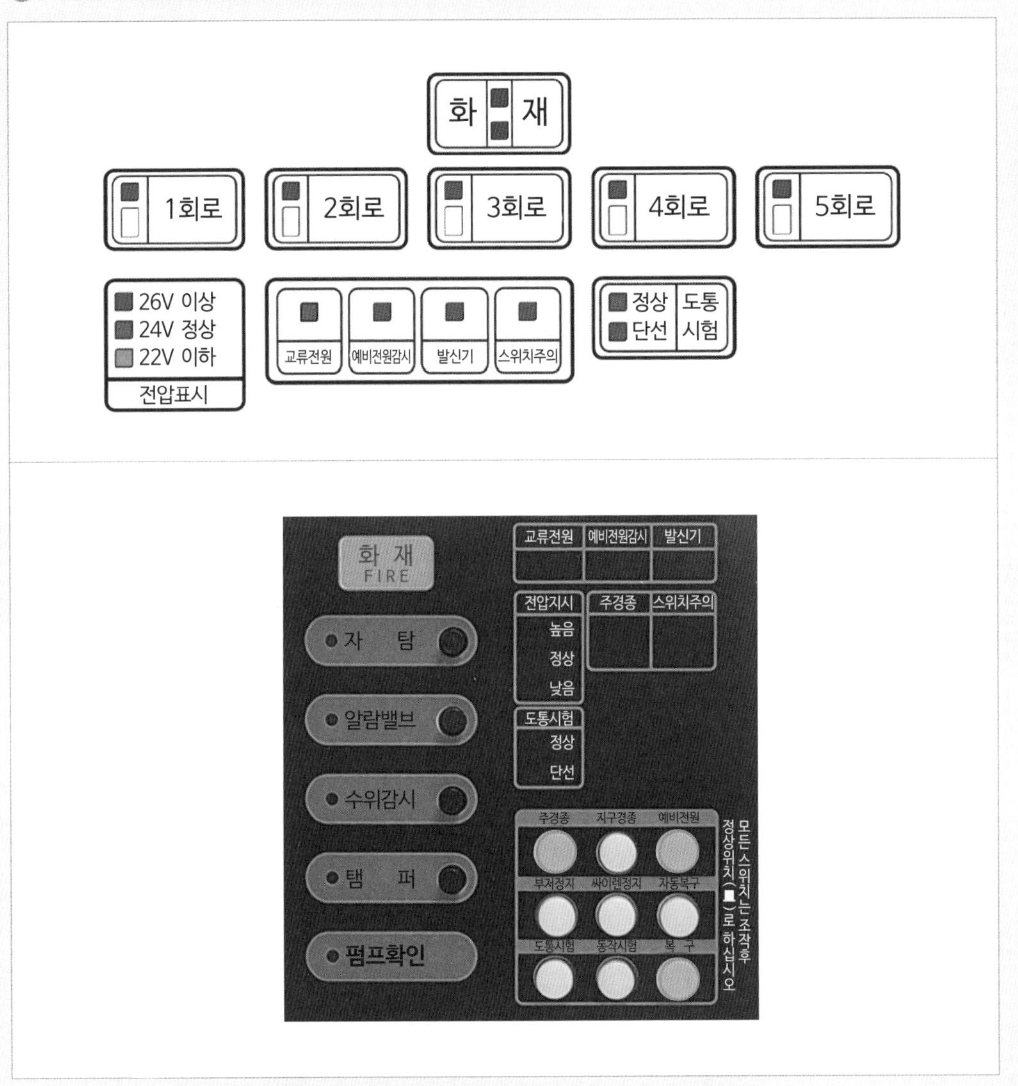

P형 수신기의 특징

2급 및 3급 소방안전관리자 시험에 출제되는 수신기의 종류는 위의 두 가지이다. 보통 'P형 수신기'라고 부르며 동작이 단순하고 직관적인 것이 특징이다. 제조사마다 모양이 조금씩 다르지만, 공통적으로 화재 발생 및 고장 등은 빨간색 점등, 정상시에는 초록색으로 점등된다.

8강 자동화재탐지 설비와 P형 수신기

191 자동화재탐지 설비의 주요 구성 부분이 아닌 것을 고르시오.

① 수신기

② 발신기(음향장치)

③ 감지기

④ 헤드

정답 및 해설

191 ④

해 헤드는 스프링클러 구성 요소이다.

소방 시설의 종류 중 소화 설비에 해당하지 않는 것을 고르시오.

① 자동 소화 장치

② 옥내 소화전 설비

③ 스프링클러 설비

④ 연결송수관 설비

192 ④

해 연결송수관 설비는 소방관이 사용하는 소화 활동 장비이다.

★★ 193 다음은 P형 수신기의 그림이다. 동작시험 후 복구할 때 회로시험 스위치를 돌린 다음, 눌러야 할 버튼을 고르시오.

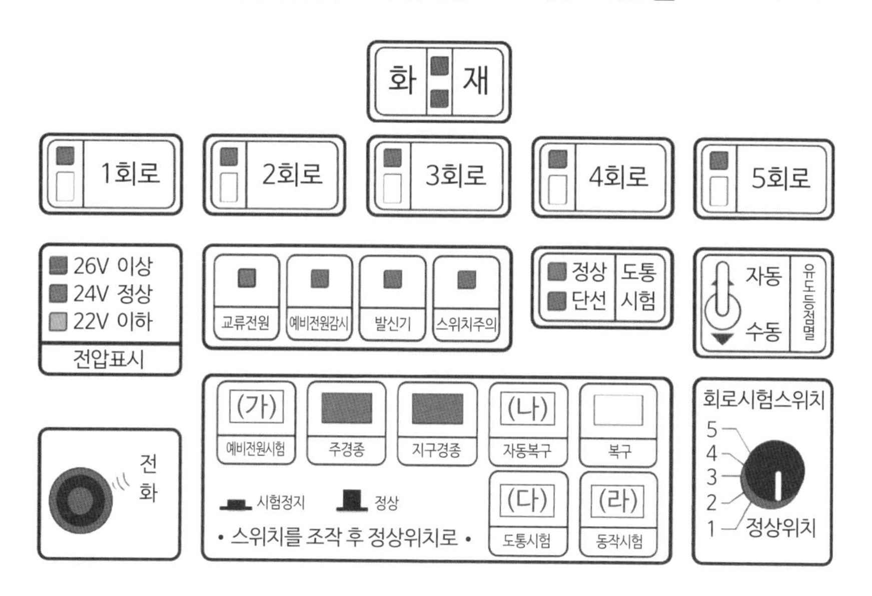

① (가) 예비전원시험

② (나) 자동복구

③ (다) 도통시험

④ (라) 동작시험

정답 및 해설

193 ④

해 회로시험 스위치를 원위치한 후에는 동작시험 스위치를 누른다.

| 동작시험 복구 순서 |

1. 회로시험 스위치 원위치
2. 동작시험 스위치 누름
3. 자동복구 스위치 누름

★★ 194

다음은 P형 수신기의 그림이다. 동작시험 후 복구하려 할 때 회로시험 스위치를 돌린 후 동작시험 스위치를 눌러 복구했다. 다음으로 눌러야 할 버튼을 고르시오.

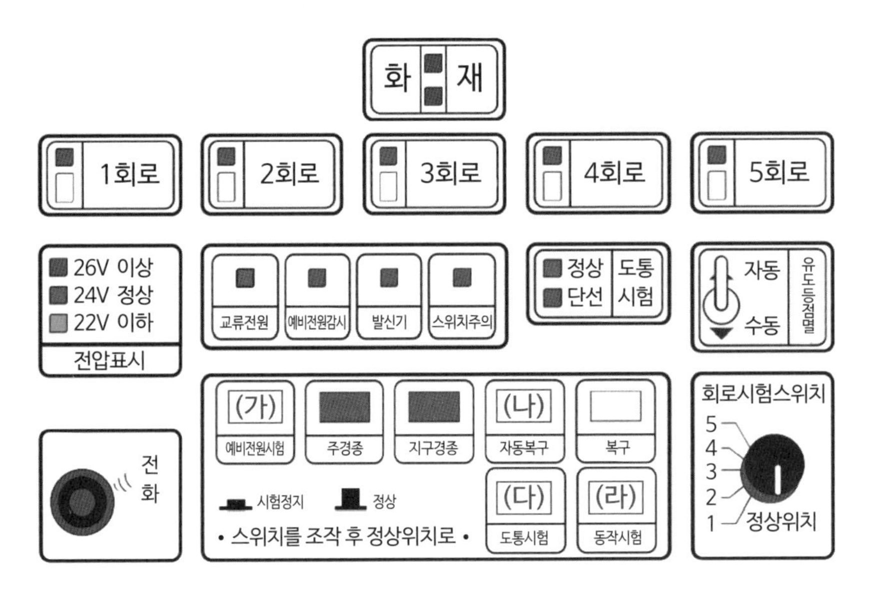

① (가) 예비전원시험

② (나) 자동복구

③ (다) 도통시험

④ (라) 동작시험

정답 및 해설

194 ②

해 동작시험 스위치를 누른 후에는 자동복구 스위치를 누른다.

| 동작시험 복구 순서 |

1. 회로시험 스위치 원위치
2. 동작시험 스위치 누름
3. 자동복구 스위치 누름

★★★
195 **건물의 2층(2회로)에서 발신기를 작동시켰을 때, 수신기에서 정상적으로 화재 신호를 수신하였다면 점등되어야 하는 것을 모두 고르시오.**

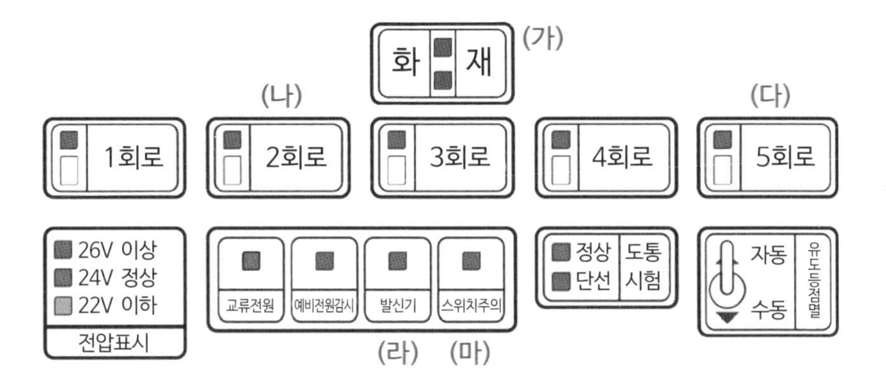

① (가), (나)

② (가), (나), (다)

③ (가), (나), (라)

④ (가), (나), (다), (라), (마)

정답 및 해설

195 ③

해 화재표시등은 화재 신호가 수신되면 항상 점등된다.

2층에서 화재 시 점등되어야 하는 것은 (가)의 화재, (나)의 2회로, (라)의 발신기이다. (라)는 문제에서 '발신기를 작동시켰을 때'라는 조건이 있으므로 점등되어야 한다. 스위치주의 경보는 스위치 고장 등의 문제가 발생했을 때 점등된다.

다음 P형 수신기가 정상일 때, 점등되어야 하는 것으로 옳은 것을 고르시오.

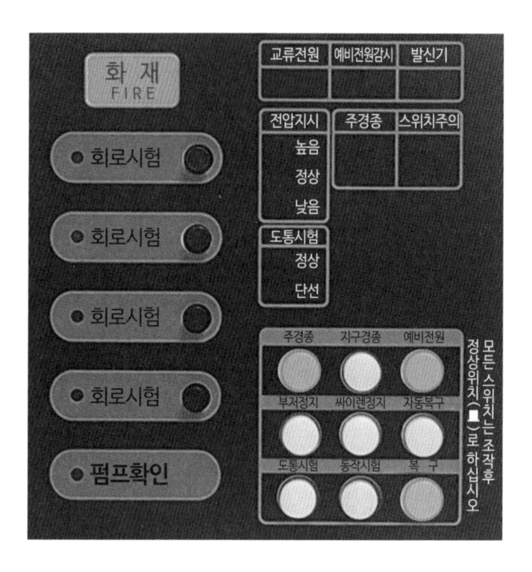

① 교류전원, 주경종

② 교류전원, 전압지시(정상)

③ 교류전원, 전압지시(정상), 발신기

④ 교류전원, 전압지시(정상), 스위치주의

정답 및 해설

196 ②

해 평상시 점등되어 있어야 하는 등은 교류전원과 전압지시(정상) 단 두 개뿐이다!

★★★ 197

수신기가 오작동(비화재보)**을 일으켜 복구하려 한다. 옳은 순서를 고르시오.**

ㄱ. 수신반 확인
ㄴ. 수신반 복구
ㄷ. 발신기 복구
ㄹ. 실제 화재 확인
ㅁ. 주경종 정지
ㅂ. 주경종 복구

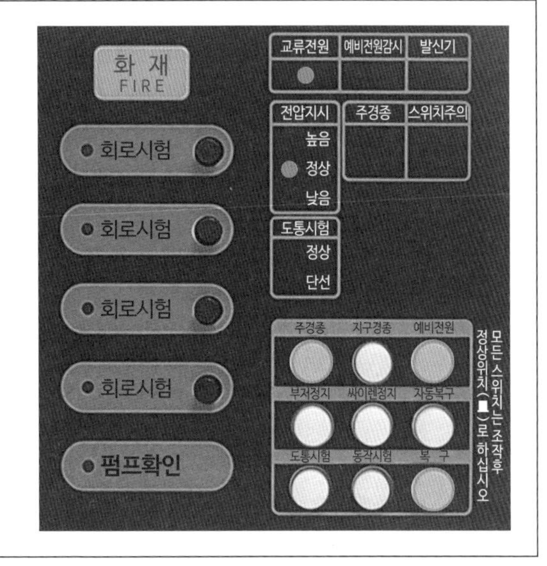

① ㄱ - ㄹ - ㅁ - ㄷ - ㄴ - ㅂ

② ㄱ - ㄴ - ㄷ - ㄹ - ㅁ - ㅂ

③ ㄱ - ㄹ - ㅁ - ㄴ - ㄷ - ㅂ

④ ㄱ - ㄹ - ㅁ - ㅂ - ㄴ - ㄷ

정답 및 해설

197 ①

해 | 수신기 오작동 시 복구 순서 |

수신반 확인 - 실제 화재 확인 - 주경종 정지 - 발신기 복구 - 수신반 복구 - 주경종 복구 - 스위치 주의등 확인

★ 198

2층에서 화재가 오작동으로 발생하였을 때 옳은 것을 고르시오.

①

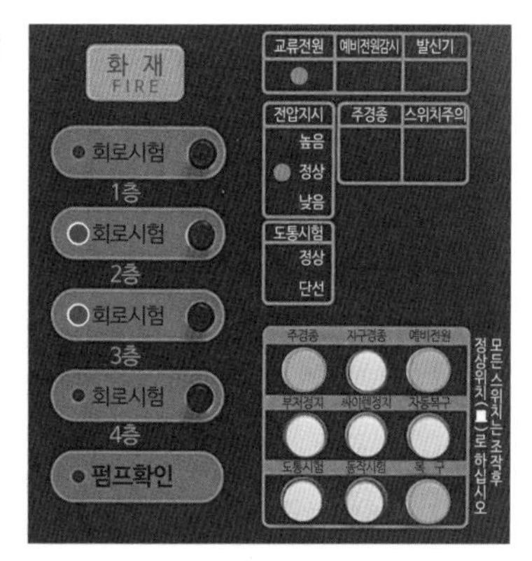

②

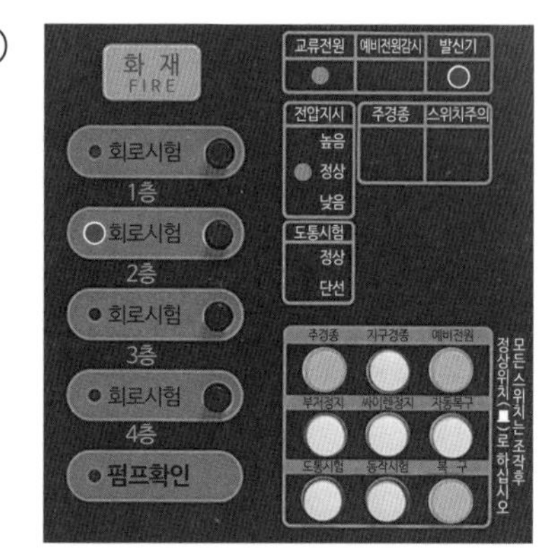

③

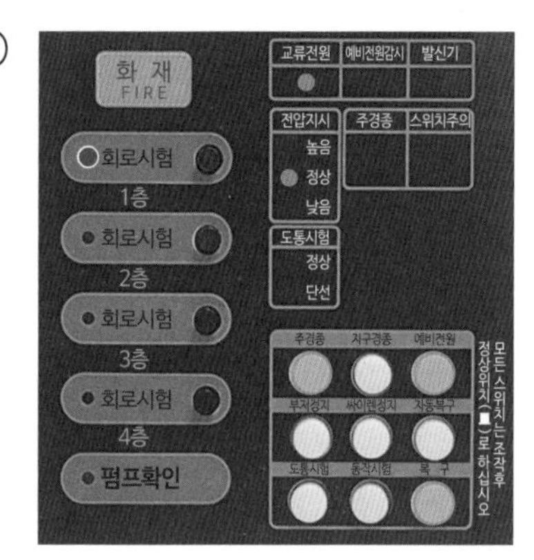

④

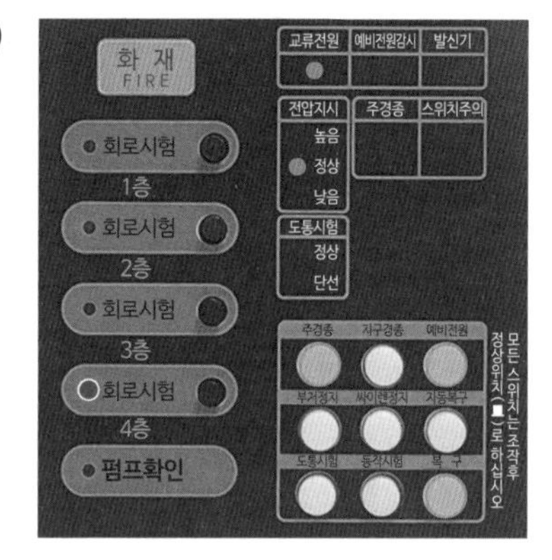

정답 및 해설

198 ②

해 화재의 오작동은 2층에서 일어났으므로 2층이 점등되는 것이 정답이다.

자동화재탐지 설비의 점검 장비로 적합하지 않은 것을 고르시오.

① 열·연기감지기 시험기

② 공기주입 시험기

③ 음량계

④ 풍속계

자동화재탐지 설비의 점검 장비로 적합하지 않은 것을 고르시오.

① 열·연기감지기 시험기

② 공기주입 시험기

③ 음량계

④ 누전계

정답 및 해설

199 ④

해 풍속계는 자동화재탐지 설비와는 무관하다.

200 ④

해 누전계는 자동화재탐지 설비와는 무관하다.

자동화재탐지 설비 도통시험에서 선로의 회로 단선 시 램프의 색깔을 고르시오.

① 백색 ② 적색
③ 흑색 ④ 녹색

자동화재탐지 설비의 수신기 정상 작동을 확인하는 시험을 고르시오.

① 동작시험
② 도통시험
③ 수신시험
④ 확인시험

정답 및 해설

201 ②

해 소방안전관리자 시험에서 P형 수신기와 관련하여 나오는 색상은 '녹색'과 '적색' 두 가지 뿐이다. 만약 화재, 고장 등의 문제가 발생하였다면, 적색등이 들어온다.

202 ①

해 정상 작동 확인은 동작시험을 통해 확인한다.

제연 설비 점검 장비가 아닌 것을 고르시오.

① 풍속풍압계

② 폐쇄력 측정기

③ 조도계

④ 차압계 문제

경보 설비에 해당하지 않은 것을 고르시오.

① 자동화재속보 설비

② 자동식 사이렌 설비

③ 비상조명등 설비

④ 비상 방송 설비

정답 및 해설

203 ③

해 조도계는 비상조명등, 통로유도등 등의 빛을 내는 장비에 사용한다.

204 ③

해 비상조명등은 피난 설비에 해당한다.

205 피난 설비로 알맞은 것을 고르시오.

① 유도등

② 비상 방송 설비

③ 제연 설비

④ 자동화재속보 설비

206 감지기와 감지기 사이의 회로 배선 방식을 고르시오.

① 송배선식

② 발전기식

③ 연동식

④ 연계식

정답 및 해설

205 ①

해 ② 비상 방송 설비는 경보 설비, ③ 제연 설비는 소화 활동 설비, ④ 자동화재속보 설비는 경보 설비에 해당한다.

206 ①

해 송배선식은 도통시험(선로의 정상 연결 유무 확인)을 원활히 하기 위한 배선 방식이다.

207 소화 기구의 종류가 아닌 것을 고르시오.

① 수동식 소화기

② 자동식 소화기

③ 간이 소화용구

④ 누전 경보기

208 다음 중 차고, 주차장에 설치하는 포소화 설비의 종류가 아닌 것을 고르시오.

① 호스릴 방출 설비

② 홈워터 스프링클러 헤드 설비

③ 포헤드 설비

④ 고정포 방출 설비

정답 및 해설

207 ④

해 누전 경보기는 경보 설비에 해당한다.

208 ①

해 호스릴 방출 설비는 이산화탄소 소화 설비의 한 종류이다.

➡ 예 전역 방출 설비, 국소 방출 설비, 호스릴 방출 설비

209 할로겐화합물 소화약제의 소화 원리가 아닌 것을 고르시오.

① 냉각 효과

② 질식 효과

③ 억제 효과

④ 제거 효과

210 물 분무 소화 설비의 주된 소화 효과가 아닌 것을 고르시오.

① 냉각 효과

② 희석 효과

③ 단절 효과

④ 질식 효과

정답 및 해설

209 ④

해 할로겐화합물 소화약제는 억제 효과가 가장 뛰어나며 냉각 효과, 질식 효과, 억제 효과 등으로 불을 진화한다.

210 ③

해 무언가를 단절한다는 뜻으로 쓰인 단절 효과는 '소방안전관리사 2급' 시험에는 등장하지 않는 용어이다.

211 시각 경보기에 대한 설명으로 옳지 않은 것을 고르시오.

① 시각장애우를 위한 설비이다.

② 복도, 통로, 객실 및 공용 거실에 설치한다.

③ 공연장, 집회장, 관람장의 경우 시선이 집중되는 무대부 부분에 설치한다.

④ 바닥으로부터 2m 이상, 2.5m 이하의 높이에 설치한다.

212 인명 구조 기구 중 고온의 복사열에 가까이 접근하여 소방 활동을 수행할 수 있는 내열 피복을 고르시오.

① 방화복

② 공기호흡기

③ 방열복

④ 인공소생기

정답 및 해설

211 ①

해 시각 경보기는 화재 시 눈으로 화재 유무를 확인하는 장비이다.

212 ③

해 방열복은 고온의 복사열에 가까이 접근하여 소방 활동을 수행할 수 있는 내열 피복을 말한다. 지문에서 '복사열'이라는 표현이 나왔으므로 방열복에 대한 설명이다.

213 완강기의 구성 부품이 아닌 것을 고르시오.

① 속도조절기

② 체인

③ 벨트

④ 로프

214 유도등의 비상 전원을 축전지로 할 때 축전지 용량은 몇 분 이상 작동해야 하는지 고르시오.

① 10분

② 20분

③ 30분

④ 60분

정답 및 해설

213 ②

해 완강기는 저층에서 인명 구조에 쓰이는 장비로 구조가 단순하다.

214 ②

해 정전 시 비상 전원으로 자동 전환되어 20분 이상 작동된다.
(단, 지하 상가는 60분 이상 작동된다)

215 통로유도등의 표시 색으로 적합한 것을 고르시오.

① 녹색 바탕에 백색 문자

② 녹색 바탕에 적색 문자

③ 백색 바탕에 적색 문자

④ 백색 바탕에 녹색 문자

216 유도 표지의 설치 기준에 대한 설명으로 옳지 않은 것을 고르시오.

① 하나의 유도 표지까지의 보행 거리는 15m 이하로 하였다.

② 구부러진 모퉁이의 벽에 설치하였다.

③ 바닥으로부터 1.5m 이하의 위치에 설치하였다.

④ 주위에 광고물, 게시물 등을 함께 설치하였다.

정답 및 해설

215 ④

해 ***백색 바탕에 녹색 문자이다!***

216 ④

해 주위에 광고물, 게시물 등을 함께 설치하면, 시야가 분산되기 때문에 유도 표지의 설치 기준에 적합하지 않다.

★★ 217

다음 중 3선식 배선의 유도등이 켜질 때가 아닌 것을 고르시오.

① 비상 경보 설비의 발신기 작동 시

② 펌프 작동 시험 시

③ 배전반에서 수동으로 점등 시

④ 자동소화 설비가 작동 시

★ 218

복도 통로 유도등은 바닥으로부터 몇 미터 이하에 설치하여야 하는지 고르시오.

① 0.5m

② 1.0m

③ 1.5m

④ 2.0m

정답 및 해설

217 ②

해 펌프 작동 시험 시에는 유도등이 점등되지 않는다.

218 ②

해 복도 및 계단 통로 유도등은 바닥으로부터 1m 이하에 설치한다.

★
219 피난 사다리의 종류가 아닌 것을 고르시오.

① 고정식 ② 올림식
③ 내림식 ④ 접는식(접이식)

★★★
220 가스계 소화 설비의 점검 전 안전조치를 순서대로 고르시오.

ㄱ. 솔레노이드밸브 분리
ㄴ. 감시제어반 연동 정지
ㄷ. 연결된 조작동관 분리
ㄹ. 솔레노이드밸브 안전핀 제거

① ㄷ - ㄴ - ㄱ - ㄹ ② ㄴ - ㄷ - ㄱ - ㄹ
③ ㄹ - ㄴ - ㄱ - ㄷ ④ ㄴ - ㄹ - ㄱ - ㄷ

정답 및 해설

219 ④

해 피난 사다리란 건축물에 설치하는 사다리를 말한다.

피난 사다리

220 ①

해 가스계 소화 설비에 있어 안전 조치를 모두 외우면 좋지만, 그렇지 못할 때는 조작의 뒷부분인 솔레노이드밸브 분리와 그 다음 단계인 솔레노이드 안전핀 제거 정도까지는 숙지한다.

추가 핵심 예제 P형 수신기

예제 1 다음 P형 수신기에서 정상 상태일 때 점등되어야 하는 것을 모두 표시하시오.

예제 2 다음 P형 수신기에서 정상 상태일 때 점등되어야 하는 것을 모두 표시하시오.

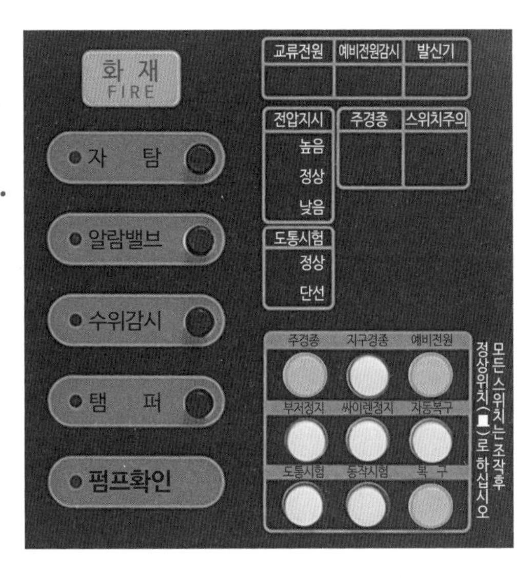

예제 3

다음 3층(3회로) 발신기에서 화재가 감지되었다. 점등되어야 하는 것을 모두 표시하시오.

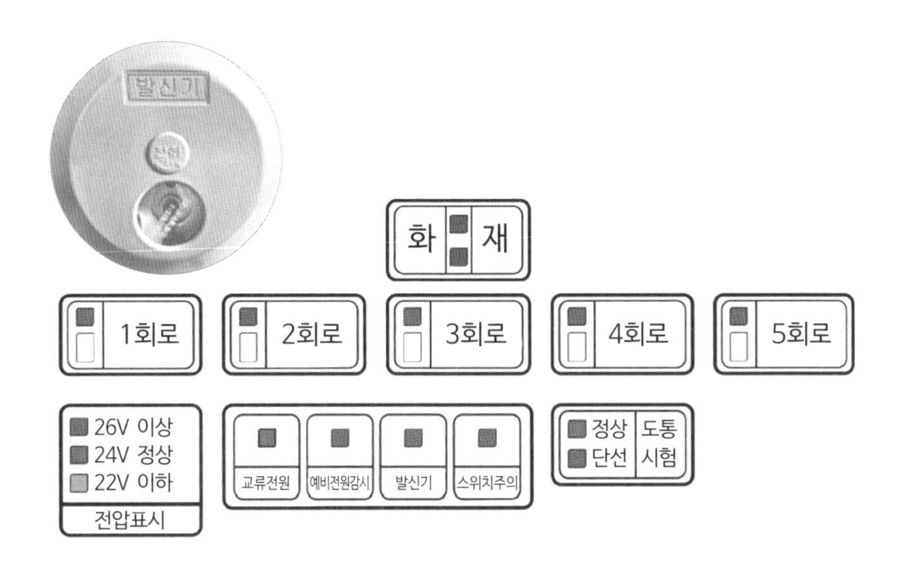

예제 4

3층(3회로) 발신기에서 오작동을 일으켜 화재 경보가 울렸다. 점등되어야 하는 것을 모두 표시하시오.

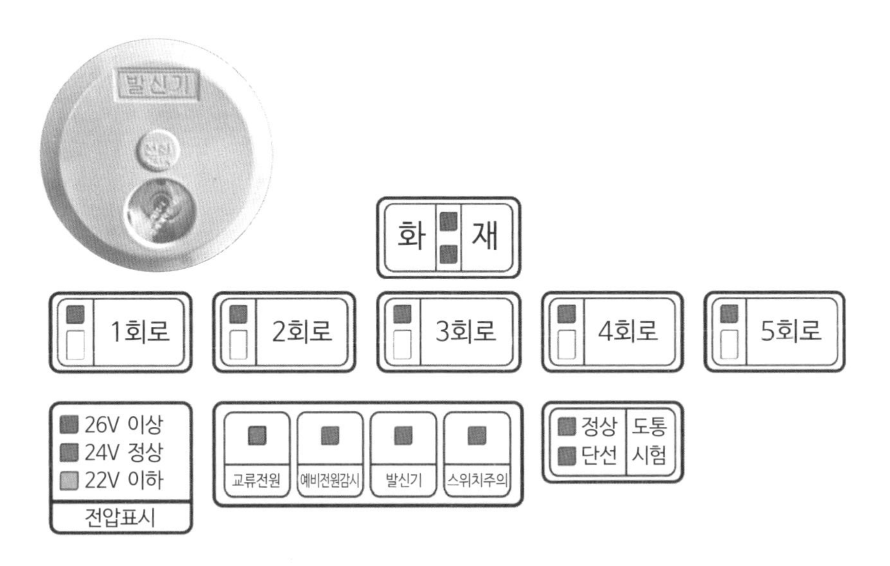

예제 5

4층(4회로) 발신기에서 화재가 감지되었다. 점등되어야 하는 것을 모두 표시하시오.

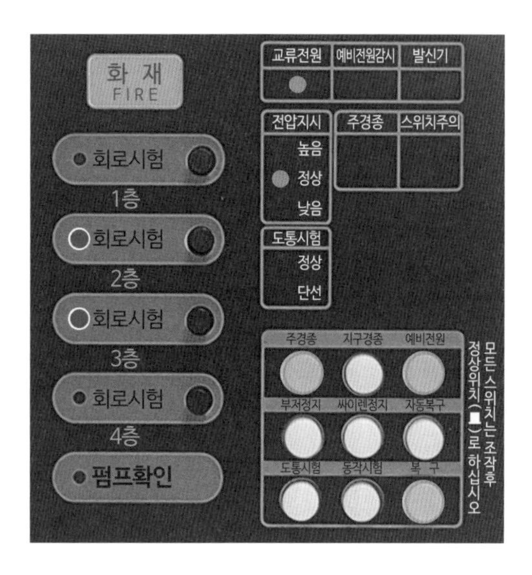

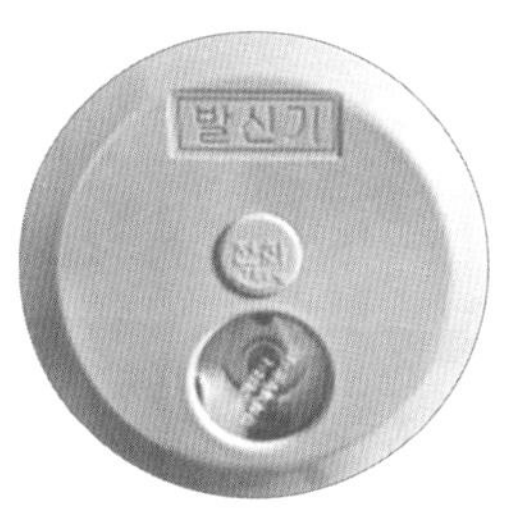

예제 6

2층(2회로) 감지기에서 오작동을 일으켜 화재 경보가 울렸다. 점등되어야 하는 것을 모두 표시하시오.

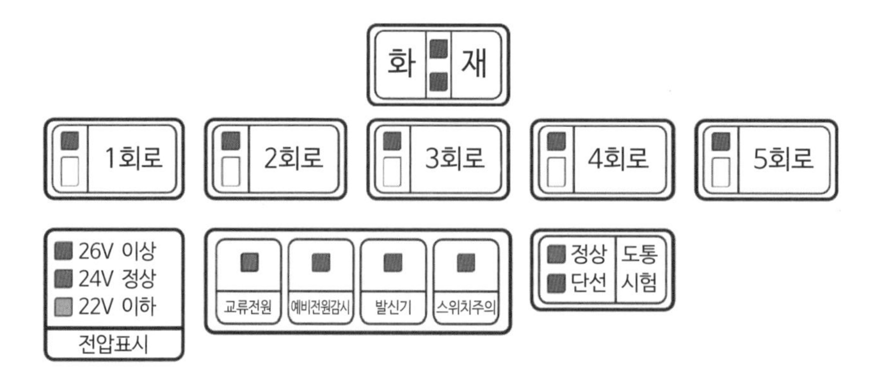

예제 7 다음 수신기에서 동작시험 후 복구를 하려 한다. 눌러야 할 스위치를 순서대로 고르시오.

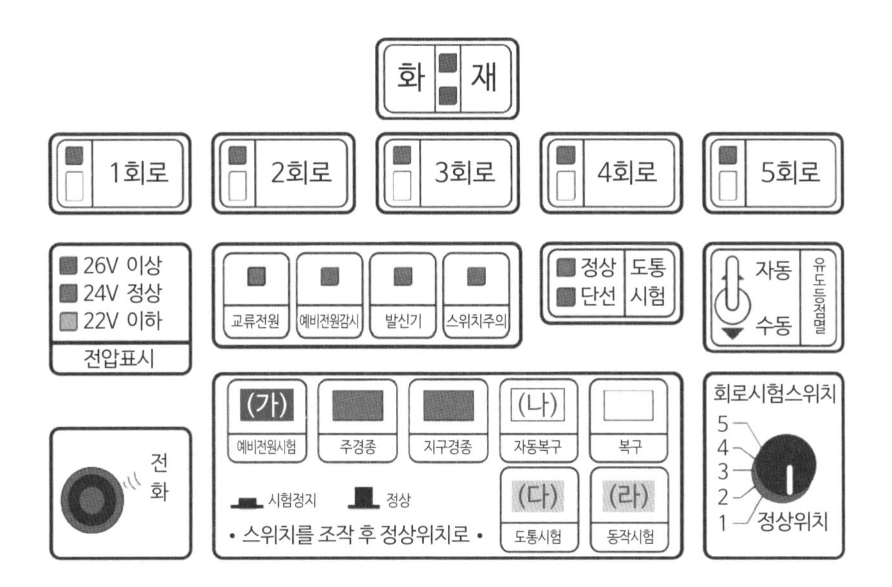

예제 해설 정답이 없는 예제들은 동영상 강의를 통해 상세한 해설을 들을 수 있다. 다음 QR 코드를 카메라로 찍어 보자.

★★
221

다음 P형 수신기가 정상일 때, 점등되어야 하는 것으로 옳은 것을 고르시오.

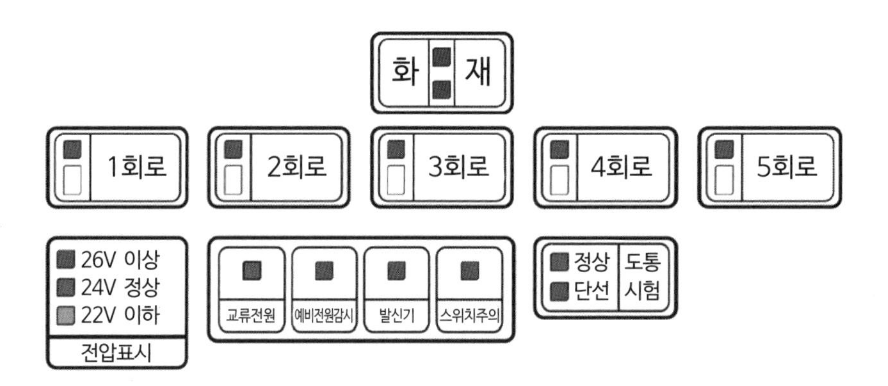

① 교류전원, 주경종

② 교류전원, 전압표시(정상)

③ 교류전원, 전압표시(정상), 발신기

④ 교류전원, 전압표시(정상), 스위치주의

정답 및 해설

221 ②

해 평상시 점등되어야 하는 등은 교류전원과 전압표시(정상) 단 두 개뿐이다.

★★ 222

건물의 2층(2회로)에서 감지기에 의해 화재 경보가 울렸다. 정상적으로 화재 신호를 수신하였다면 점등되어야 하는 것을 모두 고른 것은 무엇인가?

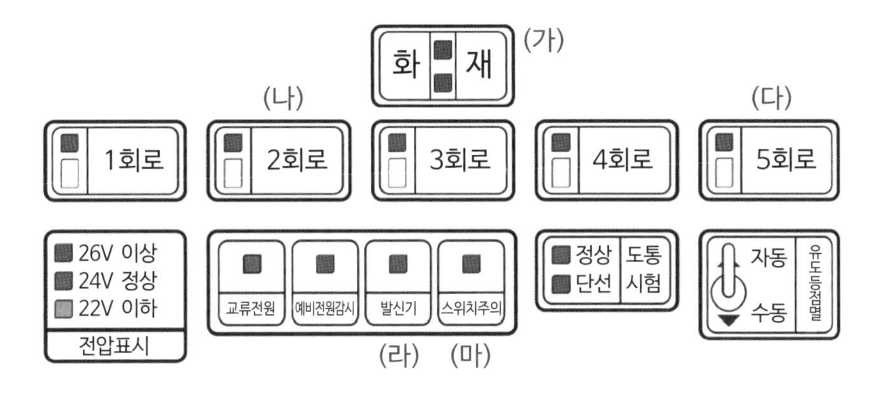

① (가), (나)

② (가), (나), (다)

③ (가), (나), (라)

④ (가), (나), (다), (라), (마)

정답 및 해설

222 ①

해 (가)의 화재 표시등은 화재 신호가 수신되면 항상 점등된다.
2층에서 감지되었기 때문에 (나)의 2회로가 점등(2층 화재 시)되고, (다)의 5회로는 점등되지 않는다. 발신기에 의한 화재 경보가 아니므로 (라)의 발신기 등은 점등되지 않는다. (마)의 스위치주의 경보는 스위치에 고장 등의 문제가 발생했을 때 점등된다.

9강 강의 영상
(*영상에 10강으로 표기)

소방 계획 및 응급 조치

개념 핵심 포인트

소방 계획

1. 예방 - 대비 - 대응 - 복구
2. 일반 현황, 자체 점검 계획 및 진압 대책, 피난 계획, 자위 소방대 조직 등을 말한다.

소방 계획의 주요 원리

1. **종합적 안전관리** : 모든 형태의 위험을 포괄
2. **통합적 안전관리** : 파트너십
3. **지속적 발전 모델** : PDCA(계획, 이행 운영, 모니터링, 개선)

   작성 원칙 : 실현 가능, 관계인 참여, 구조화, 실행 우선

   수립 절차 : 사전 기획, 위험 환경 분석, 설계 및 개발, 시행 및 유지 관리

출혈의 증상

1. 호흡과 맥박이 빠르고 약하며 불규칙하고, 체온이 떨어지며 호흡 곤란 증세가 나타난다.
2. 반사 작용이 둔해진다.
3. 탈수 현상이 나타나며, 갈증을 호소한다.
4. 동공이 확대되고 두려움이나 불안을 호소한다.
5. 혈압이 점점 저하되며, 피부가 창백하고 차며 축축해진다.
6. 구토가 발생한다.

화상

1. **1도**(표피 화상) : 피부 외층, 홍반, 흉터 없음
2. **2도**(부분층 화상) : 피부 내층, 표피 얼룩, 수포, 진물, 흉터
3. **3도**(전층 화상) : 피부 전층 손상, 매끈, 회색 또는 검은색, 건조, 통증 없음

9강 소방 계획 및 응급 조치

223 소방대상물의 경계 구역을 지정하려 한다. <보기>의 건물은 몇 개의 구역으로 나눠야 하는지 고르시오. (단, 한 변의 길이는 50m 이하이다)

<보기>	1층 : 700㎡	2층 : 300㎡
	3층 : 200㎡	

① 3개　　② 4개
③ 5개　　④ 6개

정답 및 해설

223 ①

해 하나의 경계 구역은 600㎡ 이하로 하고, 한 변의 길이는 50m 이하로 한다. 단, 2개 층의 합이 500㎡ 이하이면 1개 구역으로 여길 수 있다.

★★★ 224

소방대상물의 경계 구역을 지정하려 한다. <보기>의 건물은 몇 개의 구역으로 나눠야 하는지 고르시오.(단, 한 변의 길이는 50m 이하이다)

<보기>	1층 : 800㎡	2층 : 600㎡
	3층 : 300㎡	4층 : 200㎡

① 3개　② 4개
③ 5개　④ 6개

★★ 224

경계 구역 설정에 있어 내부 전체가 보이는 건축물의 기준면적과 한 변의 길이는 얼마인지 고르시오.

① 600㎡ 이하, 50m 이하
② 700㎡ 이하, 60m 이하
③ 1,000㎡ 이하, 50m 이하
④ 1,200㎡ 이하, 50m 이하

정답 및 해설

224 ②

해 223번 문제의 확장으로 4개 층의 경계 구역 설치를 계산하는 문제이다. 3층과 4층의 합이 500㎡이므로 한 개 구역으로 보고 계산하면 된다.

225 ③

해 내부 전체가 보이는 건축물의 경우 기준면적은 1,000㎡ 이하, 한 변의 길이는 50m 이하로 구획을 나눈다.

객석 유도등을 설치하려고 한다. 직선인 통로가 25m일 때, 객석 유도등의 최소 설치 개수는 몇 개인지 고르시오.

① 4개 ② 5개
③ 6개 ④ 7개

객석 유도등을 설치하려고 한다. 직선인 통로가 35m일 때, 객석 유도등의 최소 설치 개수를 고르시오.

① 5개 ② 6개
③ 7개 ④ 8개

정답 및 해설

226 ③

해 객석 유도등 개수 공식은 $\frac{\text{직선 통로의 길이}}{4} - 1$ (소수점 올림)

그러므로 $\frac{25}{4} - 1 = 6.25 - 1 = 5.25 ≒ 6$개이다.

227 ④

해 객석유도등 개수 공식은 $\frac{\text{직선 통로의 길이}}{4} - 1$ (소수점 올림)

그러므로 $\frac{35}{4} - 1 = 8.75 - 1 = 7.75 ≒ 8$개이다.

228 일반적인 소방 훈련 및 교육 계획 수립 횟수로 옳은 것을 고르시오.

① 월 1회 이상

② 분기별 1회 이상

③ 반기별 1회 이상

④ 연 1회 이상

229 화재 시 일반적인 피난 행동이 아닌 것을 고르시오.

① 엘리베이터는 절대 이용하지 않는다.

② 아래층으로 대피하기보다는 옥상으로 우선 대피한다.

③ 아파트라면 세대 내 대피 공간으로 대피한다.

④ 연기 발생 시 최대한 낮은 자세로 이동한다.

정답 및 해설

228 ④

해 소방 훈련 및 교육 계획은 연 1회 이상 하는 것이 원칙이지만, 화재 위험이 많은 공장 또는 사업장인 경우에 반기별, 분기별, 월별로 계획을 수립한다.

229 ②

해 아래층으로 대피가 불가할 경우에만 옥상으로 이동한다.

장애 유형별 피난 보조 시 손전등 및 전등을 활용하거나 메모를 이용한 대화가 효과적인 장애 유형을 고르시오.

① 청각장애인

② 시각장애인

③ 지적장애인

④ 노약자

자위소방대 및 초기 대응 체계 교육 및 훈련 후 실시 결과 기록의 보존 기간은 몇 년 이상인지 고르시오.

① 1년 ② 2년

③ 3년 ④ 5년

정답 및 해설

230 ①

해 청각장애인에게는 시각적인 효과를 주는 대피의 안내가 매우 효과적이다.

231 ②

해 자위소방대의 실시 결과 기록은 2년간 보존한다.

232 화재로 인하여 진피의 모세혈관이 손상되며 물집이 터져 진물이 나고 감염의 위험이 있는 화상의 분류를 고르시오.

① 1도 화상

② 2도 화상

③ 3도 화상

④ 4도 화상

233 출혈 증상이 아닌 것을 고르시오.

① 반사작용이 민감해진다.

② 탈수 현상이 나타난다.

③ 구토가 발생한다.

④ 혈압이 점차 낮아진다.

정답 및 해설

232 ②

해 **2도 화상**(부분층 화상) : 피부내층, 표피 얼룩, 수포, 진물, 흉터

233 ①

해 출혈이 심한 경우 반사작용이 둔감해진다.

234 출혈에 관한 설명 중 옳지 않은 것을 고르시오.

① 체중의 6~7% 혈액을 출혈 시 온몸이 저산소 출혈성 쇼크 상태가 된다.

② 체중의 10% 혈액을 출혈 시 생명이 위험한 상태이다.

③ 체중의 15~30% 혈액을 출혈 시 수혈이 필요하다

④ 출혈성 쇼크 상태가 되고 혈압이 상승한다.

234 ④

해 과다출혈 시 혈압이 급격히 하락한다.

출혈의 증상으로 옳지 않은 것을 고르시오.

① 호흡과 맥박이 느려지고, 약하고 불규칙하며 체온이 떨어지고 호흡곤란도 나타난다.

② 불안과 갈증, 반사작용이 둔해지고 다른 증상으로 구토도 발생한다.

③ 탈수 현상이 나타나며 동공은 확대되고 표정은 두렵고 불안한 상태가 된다.

④ 혈압이 점점 저하되며 피부가 창백하고 차며 축축해진다.

정답 및 해설

235 ①

해 과다출혈 시 호흡과 맥박이 빨라진다. 또한 저혈압 쇼크가 나타난다.

화상의 부위가 분홍색이 되고 분비액이 많이 분비되는 화상의 정도를 고르시오.

① 1도 화상　② 2도 화상
③ 3도 화상　④ 4도 화상

심폐소생술(CPR)에 있어서 인공호흡을 실시하는데 공기의 저항이 느껴질 때 가장 먼저 시행하여야 할 조치는 무엇인지 고르시오.

① 즉시 하임리히법을 시행한다.
② 환자를 옆으로 돌려 재차 인공호흡을 실시한다.
③ 두부후굴 하악거상법을 다시 시도한다.
④ 손가락으로 이물질을 제거한다.

정답 및 해설

236 ②

해 **2도 화상**(부분층 화상) : 피부 내증, 표피 얼룩, 수포, 진물, 흉터
3도 화상 : 피부 매끈, 회색 또는 검은색, 피부 전층 손상

237 ③

해 환자의 머리를 뒤로 제치고 턱을 들어주어 기도를 유지하는, '두부후굴 하악거상법'을 시행해야 한다. ① 하임리히법은 음식이나 이물질로 인해 기도가 폐쇄, 질식할 위험이 있을 때 흉부에 강한 압력을 주어 토해 내게 하는 방법이다.

238 뇌에 산소 공급이 몇 분 이상 중단되면 뇌 손상으로 판단할 수 있는지 고르시오.

① 1~2분 ② 3~4분

③ 4~6분 ④ 10~15분

정답 및 해설

238 ③

해 4~6분 동안 산소 공급이 중단되면, 심각한 뇌 손상을 일으킬 수 있다.

수험생 후기를 바탕으로
엄선한 최신 문제

수험생 후기를 바탕으로
엄선한 최신 문제

01 다음은 무창층에 대한 설명이다. (　　) 안에 들어갈 말로 알맞게 짝지은 것을 고르시오.

무창층의 크기는 지름 (　　　) ㎝ 이상의 원이 통과할 수 있고, 해당 층의 바닥면으로부터 개구부 밑부분까지의 높이가 (　　　) m 이내이여야 한다.

① 50, 1.2
② 50, 1.5
③ 30, 1.2
④ 30, 1.5

02 1320세대 아파트에 선임하여야 하는 소방관리보조자 최소 선임 인원을 고르시오.

① 3명　② 4명
③ 5명　④ 6명

03 ABC급 분말소화기의 소화약제 종류를 고르시오.

① 제1인산암모늄
② 탄산수소나트륨
③ 탄산수소칼륨
④ 탄산수소칼륨 + 요소

04 소방안전관리자 선임 기간으로 옳은 것을 고르시오.

① 14일 이내
② 30일 이내
③ 10일 이내
④ 7일 이내

05 소방기본법에 명시된 '소방대상물'이 아닌 것을 고르시오.

① 산림
② 차량
③ 건축물
④ 공해(公海)상의 선박

06 제5류 위험물에 해당하는 것을 고르시오.

① 인화성 액체
② 산화성 고체
③ 자기반응성 물질
④ 산화성 액체

07 제1류와 제6류 위험물에 포함되지 않는 물질을 고르시오.

① 과산화수소
② 중크롬산염류
③ 염소산염류
④ 니트로소 화합물

08 이산화탄소 소화기의 특징이 아닌 것을 고르시오.

① 주성분은 액화탄산가스이다.
② BC급의 화재에 적합하다.
③ 소화 효과는 질식, 냉각 소화이다.
④ 이산화탄소의 찬 성질을 이용하여 제거 소화를 한다.

09 제3류 위험물에 해당하는 것을 고르시오.

① 인화성 액체
② 자연발화성 및 금수성 물질
③ 산화성 액체
④ 가연성 고체

10 다음 중 300만 원 벌금이 아닌 것을 고르시오.

① 소방안전관리자, 보조자 미선임
② 화재안전조사 거부, 방해
③ 소방시설 미설치
④ 소방관리자에게 불이익한 처분을 한 관리인

11 다음 중 방염 대상 물품이 아닌 것을 고르시오.

① 두께가 2㎜ 미만인 종이 벽지
② 창문에 설치하는 커튼류
③ 암막 및 무대막
④ 전시용 합판 또는 섬유판

12 피난 시설에 있어 금지 행위가 아닌 것을 고르시오.

① 옥상문, 계단, 복도, 비상구 등 피난, 방화 시설의 폐쇄 행위
② 방화문의 고임 장치(도어스톱) 설치 등 피난·방화 시설의 훼손 행위
③ 물건을 나르기 위해 계단에 잠시 쌓아 놓은 행위
④ 방화 구획 및 내부 마감 재료 등 피난·방화 시설 등의 변경 행위

13 다음 중 100만 원 이하의 벌금이 아닌 것을 고르시오.

① 소방자동차 전용 구역 주차, 진로 방해
② 피난 명령 위반
③ 소방대의 활동 방해
④ 물이나 수도 조작 방해

14 **피난층의 정의로 옳은 것을 고르시오.**

① 곧바로 지상으로 갈수 있는 층
② 곧바로 1층으로 갈 수 있는 층
③ 건물의 1층만을 피난층으로 지정할 수 있다.
④ 지상에서 옥상으로 올라갈 수 있는 층

15 **연면적 70,000㎡인 특정 소방대상물의 관리자와 관리보조자 최소 선임 기준을 고르시오.**

① 1급 소방안전관리자 :1명
소방안전관리보조자 :3명
② 1급 소방안전관리자 :1명
소방안전관리보조자 :4명
③ 2급 소방안전관리자 :1명
소방안전관리보조자 :3명
④ 2급 소방안전관리자 :1명
소방안전관리보조자 :4명

16 **위험물별 성질로서 옳지 않은 것을 고르시오.**

① 제1류 위험물 : 산화성 고체
② 제2류 위험물 : 가연성 고체
③ 제5류 위험물 : 자기반응성 물질
④ 제6류 위험물 : 인화성 액체

17 **장애유형별 피난 보조 시 손전등 및 전등을 활용하거나 메모를 이용한 대화가 효과적인 장애 유형을 고르시오.**

① 청각장애인
② 시각장애인
③ 지적장애인
④ 노약자

18 펌프의 성능 시험시 압력을 조정하는 벨브의 명칭을 고르시오.

① 릴리프벨브
② 체크벨브
③ 개폐벨브
④ 안전벨브

19 피토게이지로 방출량을 측정하려 한다. 측정하는 방법으로 옳지 않은 것을 고르시오.

① 반드시 직사형 관창을 이용하여 측정하여야 한다.
② 초기 방수시 물 속에 존재하는 이물질이나 공기 등이 완전히 배출된 후에 측정하여야 한다.
③ 피토게이지는 봉상주수 상태에서 직각으로 측정한다.
④ 피토게이지는 노즐 구경 크기만큼의 거리에서 압력값을 측정한다.

20 한국소방안전원의 업무로 옳지 않은 것을 고르시오.

① 소방 안전에 관한 국제 협력
② 화재 예방과 안전관리 의식 고취를 위한 대국민 홍보
③ 소방 산업 전문 인력의 양성 지원
④ 소방 업무에 관하여 행정기관이 위탁하는 업무

21 감지기와 감지기 사이의 회로 배선 방식을 고르시오.

① 송배선식
② 발전기식
③ 연동식
④ 연계식

문제 22번~23번

<기동용 수압개폐 장치>

22 위의 그림에 대한 설명으로 옳지 않은 것을 고르시오.

① 가 : 용적 150ℓ 이상이다.
② 나 : 안전 밸브로써 과압시 방출된다.
③ 다 : 압력 스위치로서 압력의 증감을 전기적 신호로 변환시킨다.
④ 라 : 배수 밸브로서 압력 챔버의 물을 배수한다.

23 왼쪽 그림에 대한 설명으로 옳지 않은 것을 고르시오.

① 마 : 개폐밸브로서 점검 및 보수 시 급수를 차단한다.
② 바 : 압력계로서 압력챔버 내의 압력을 표시한다.
③ 다 : 압력계로서 압력챔버 내의 압력을 전기적으로 표시한다.
④ 가 : 용적 100ℓ 이상이다.

24 특정 소방대상물의 종합점검을 실시한 자는 그 점검 결과를 얼마 동안 자체 보관하여야 하는가?

① 6개월 ② 1년
③ 2년 ④ 3년

25 다음 그래프는 릴리프밸브 작동 시 압력과 유량을 나타낸 그래프이다. 네모 안에 들어갈 용어로 옳은 것을 고르시오.

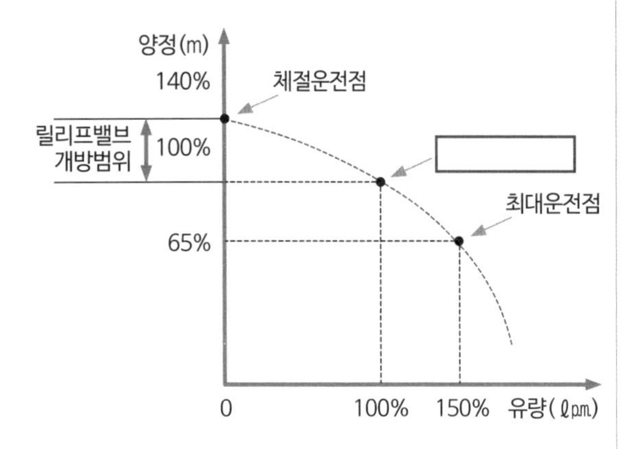

① 체절운전점
② 최소운전점
③ 최대운전점
④ 정격부하운전점

26 다음 중 자동심장충격기(AED)의 사용 방법 중 옳지 않은 것을 고르시오.

① 패드1 : 오른쪽 빗장뼈 아래
② 패드2 : 왼쪽 젖꼭지 아래의 중간 겨드랑이 선
③ 부착 위치에 이물질이 있으면 제거한다.
④ 심장충격 버튼을 누르기 전 작동자는 환자와 밀착한다.

27 뇌에 산소 공급이 몇 분 이상 중단되면 뇌 손상으로 판단할 수 있는지 고르시오.

① 1~2분
② 3~4분
③ 4~6분
④ 10~15분

28 **화상의 부위가 분홍색이 되고 분비액이 많이 나오는 화상의 정도를 고르시오.**

① 1도 화상
② 2도 화상
③ 3도 화상
④ 4도 화상

29 **다음 중 소형, 대형 소화기의 능력단위를 바르게 표시한 것을 고르시오.**

① 소형 소화기 : 능력 단위 1단위 이상, 대형 소화기 능력 미만
대형 소화기 : A급 화재 15단위 이상
B급화재 20단위 이상
② 소형 소화기 : 능력 단위 2단위 이상, 대형 소화기 능력 미만
대형 소화기 : A급 화재 10단위 이상
B급 화재 20단위 이상
③ 소형 소화기 : 능력 단위 1단위 이상, 대형 소화기 능력 미만
대형 소화기 : A급 화재 10단위 이상
B급 화재 20단위 이상
④ 소형 소화기 : 능력 단위 1단위 이상, 대형 소화기 능력 미만
대형 소화기 : A급 화재 15단위 이상
B급 화재 30단위 이상

30 **다음 중 용어의 설명으로 옳지 않은 것을 고르시오.**

① 건축 면적 : 건축물 외벽의 중심선으로 둘러싸인 부분의 수평투영 면적을 말한다.
② 바닥 면적 : 건축물의 각층 또는 일부로서 벽, 기둥, 기타 이와 유사한 구획의 중심선으로 둘러싸인 부분의 수평투영 면적으로 한다.
③ 건폐율 : 대지 면적에 대한 건축 면적의 비율을 말한다.
④ 용적률 : 대지 면적에 대한 연면적(지하층 포함)의 비율을 말한다.

31 **화재 시 열 이동에 가장 크게 작용하는 방식으로 열 에너지를 파장의 형태로 방사하는 개념을 고르시오.**

① 전도 ② 대류
③ 복사 ④ 기류

32 주위의 온도가 일정 온도 이상이 되었을 때 작동하는 감지기로 주방 및 보일러실에 쓰이는 감지기의 종류를 고르시오.

① 차동식 스포트형 감지기
② 정온식 스포트형 감지기
③ 연기 감지기
④ 변온식 스포트형 감지기

33 다음 중 소화약제가 다른 소화 설비를 고르시오.

① 옥내 소화전
② 옥외 소화전
③ 이산화탄소 소화기
④ 스프링클러

34 다음 그림은 습식 스프링클러 설비의 계통도이다. (가)에 들어갈 말로 옳은 것을 고르시오.

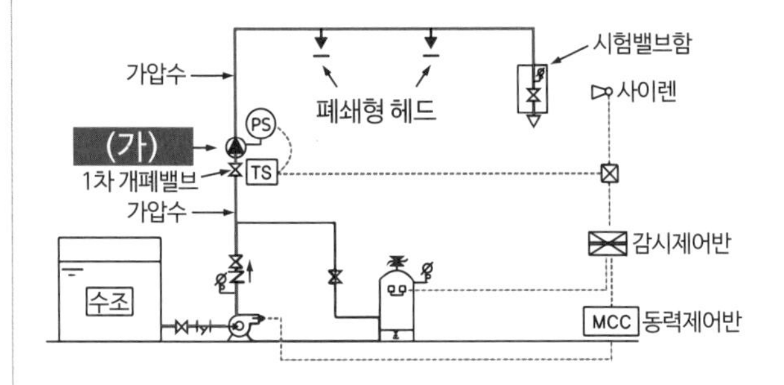

① 개폐밸브
② 알람밸브
③ 시험밸브
④ 화재표시등

35 다음 중 5년 이하 징역 또는 5,000만 원 이하 벌금에 해당하지 않는 것을 고르시오.

① 화재 발생 시 소방대상물의 강제 처분 방해
② 소방대의 화재 진압, 인명 구조를 방해
③ 소방대원 폭행, 협박 등 구조, 구급 활동을 방해
④ 소방차의 출동을 방해

36 옥내 소화전의 방수압 측정 결과 피토게이지의 값이 다음을 가리키고 있다. 다음 중 옳지 않은 것을 고르시오.

$$Q=2.065\times D^2\times\sqrt{P}$$

Q : 분당 방수량(ℓ/min)

D : 관경(또는 노즐의 구경㎜)

[옥내 소화전 : 13㎜, 옥외 소화전 : 19㎜]

p : 방수 압력(㎫)

① 방수압력은 0.3㎫이다.

② 옥내 소화전의 방수량은 약 191ℓ/min 이다.

③ 옥내 소화전의 압력값은 합격이다.

④ 옥내 소화전의 방수량은 불합격이다.

37 옥외 소화전의 방수량 측정 시험에서 피토게이지의 측정값이 0.2㎫로 측정되었다. 다음 중 옳지 않은 것을 고르시오.

① 옥외 소화전의 방수량은 불합격이다.

② 옥외 소화전의 방수 압력 측정값은 불합격이다.

③ 옥외 소화전의 방수량은 약 422ℓ/min 이다.

④ 옥내 소화전의 방수량은 약 333ℓ/min 이다.

38 소방 계획의 4가지 작성 원칙에 대한 정의로 옳지 않은 것을 고르시오.

① 실현 가능한 계획

② 관계인의 참여

③ 계획 수립의 자동화

④ 실행 우선

39 금속 화재의 특성으로 옳지 않은 것을 고르시오.

① 금속류 중 특히 가연성이 강한 것으로서 칼륨, 나트륨, 마그네슘, 알루미늄 등이 있다.
② 분말 형태보다는 괴상(덩어리)이 더 위험하다.
③ 소화에 있어 분말 소화약제나 건조사(마른 모래) 등을 사용한다.
④ 소화에 있어 물, 강화액 등은 사용하면 안 된다.

40 소방 계획에는 주요 원리 3가지가 있다. 다음 중 이 3가지에 포함되지 않는 것을 고르시오.

① 종합적 안전관리
② 지속적 안전관리
③ 지속적 발전 모델
④ 통합적 안전관리

41 다음 중 소방 계획의 작성 원칙 중 옳지 않은 것을 고르시오.

① 관리자 우선
② 실현 가능한 계획
③ 계획 수립의 구조화
④ 계획이 우선이 아닌 실행 우선

42 건축물의 사용승인일이 2023년 4월 1일이다. 종합점검 시기와 작동점검 시기로 옳은 것을 고르시오.

① 종합점검 : 4월 20일
작동점검 : 10월 15일
② 종합점검 : 4월 20일
작동점검 : 11월 15일
③ 종합점검 : 5월 20일
작동점검 : 10월 15일
④ 종합점검 : 5월 20일
작동점검 : 11월 15일

43 바닥면적 2,500㎡인 근린생활 시설에 3단위 분말소화기를 설치하려 한다. 최소 몇 개가 필요한지 고르시오.

(단, 이 건물은 내화 구조로 되어 있다)

① 2개 ② 3개

③ 4개 ④ 5개

44 용접, 용단 작업을 할 때는 화재감시자를 지정하며 해당 장소에 배치해야 한다. 화재감시자를 배치하지 않아도 되는 경우를 고르시오.

① 같은 장소에서 상시 반복적으로 용접, 용단 작업을 지금까지 사고 없이 했던 경우

② 같은 장소에서 상시 반복적으로 용접, 용단 작업을 할 때 경보용 설비 기구, 소화 설비 또는 소화기가 갖추어진 경우

③ 같은 장소에서 상시 반복적으로 용접, 용단 작업을 할 때 소화기가 비치된 경우

④ 같은 장소에서 상시 반복적으로 용접, 용단 작업을 할 때 화재경보기가 설치되어 있는 경우

45 다음 P형 수신기에서 발신기에 의한 화재가 4층에서 감지되었다. 등이 점등되지 않아야 하는 것을 고르시오.

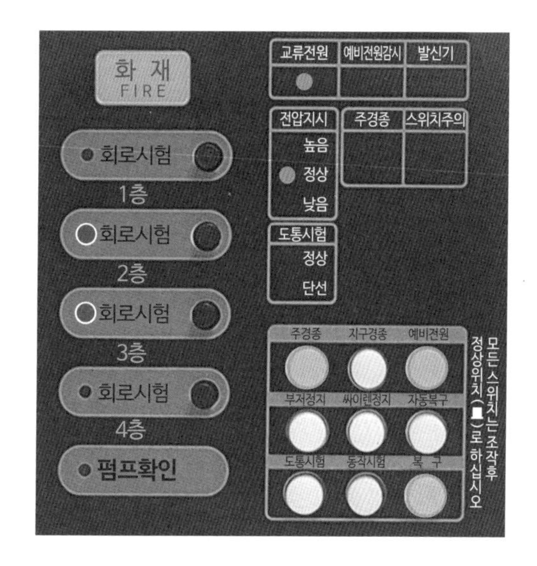

① 발신기

② 4층

③ 예비전원감시

④ 주경종

46 다음 보기는 소화기의 약제이다. 이 물질에 맞는 소화기를 바르게 짝지은 것을 고르시오.

제1인산암모늄 - 액화탄산가스

① ABC 소화기-ABC 소화기
② BC 소화기-ABC 소화기
③ ABCD 소화기-ABC 소화기
④ ABC 소화기-BC 소화기

정답 및 해설

01	①	02	②	03	①	04	②	05	④
06	③	07	④	08	④	09	②	10	③
11	①	12	③	13	①	14	①	15	②
16	④	17	①	18	①	19	④	20	③
21	①	22	①	23	③	24	③	25	④
26	④	27	③	28	②	29	③	30	④
31	③	32	③	33	③	34	②	35	①
36	④	37	③	38	③	39	②	40	②
41	①	42	①	43	③	44	②	45	③
46	④								

01

다음은 무창층에 대한 설명이다. (　　　) 안에 들어갈 말로 알맞게 짝지은 것을 고르시오.

> 무창층의 크기는 지름 (　　　) cm 이상의 원이 통과할 수 있고, 해당 층의 바닥면으로부터 개구부 밑부분까지의 높이가 (　　　) m 이내이여야 한다.

① **50, 1.2**
② 50, 1.5
③ 30, 1.2
④ 30, 1.5

해 무창층은 지름 50cm 이상의 원이 내접할 수 있는 크기이여야 하고, 바닥면에서 높이가 1.2m 이내에 있어야 한다. 화재 등 위급 상황 시 문을 쉽게 부수고 탈출할 수 있게 하기 위함이다.

02

1320세대 아파트에 선임하여야 하는 소방관리보조자 최소 선임 인원을 고르시오.

① 3명 ② **4명**
③ 5명 ④ 6명

해 300세대마다 소방안전관리보조자를 선임하여야 한다.

1,320 ÷ 300 = 4.4명
유일하게 소방안전관리자 시험에서 소수점을 올림하지 않고 내리는 것은 소방안전관리보조자 선임 인원밖에 없다. 그래서 보조자 선임 인원은 4명이다.

03

ABC급 분말소화기의 소화약제 종류를 고르시오.

① **제1인산암모늄**
② 탄산수소나트륨
③ 탄산수소칼륨
④ 탄산수소칼륨 + 요소

해 ABC급 분말소화기는 우리가 흔히 볼 수 있는 일반적인 소화기이며, 소화약제로는 제1인산암모늄을 사용한다. 성상은 하얀색 분말 형태이다.

04

소방안전관리자 선임 기간으로 옳은 것을 고르시오.

① 14일 이내
② **30일 이내**
③ 10일 이내
④ 7일 이내

해 소방안전관리자의 선임 기간은 30일 이내, 신고는 선임 후 14일 이내이다.
이 문제는 소방안전관리자의 '선임'을 묻는 것으로 30일 이내가 정답이다. 하지만 선임 후 '신고'에 대해 물어보는 문제도 자주 출제되니 헷갈리지 않도록 주의하자.
소방안전관리자의 선임 후 14일 이내에 소방본부장 또는 소방서장에게 신고하여야 한다. 위험물안전관리자 선임 및 신고도 소방안전관리자와 그 기간이 동일하다.

05

소방기본법에 명시된 '소방대상물'이 아닌 것을 고르시오.

① 산림
② 차량
③ 건축물
④ **공해(公海)상의 선박**

해 소방대상물의 범위에는 산림, 차량, 건축물, 항구에 정박 중인 선박 등은 포함이 되지만, 공해상에 항해 중인 선박은 '소방대상물'에 포함되지 않는다.

06

제5류 위험물에 해당하는 것을 고르시오.

① 인화성 액체
② 산화성 고체
③ 자기반응성 물질
④ 산화성

해 위험물의 분류별 종류를 물어보는 문제이다.

<위험물의 분류별 종류>
제1류 : 산화성 고체
제2류 : 가연성 고체
제3류 : 자연발화성 및 금수성(물과 반응하면 화재나 폭발을 일으킬 수 있는 물질)
제4류 : 인화성 액체(대표적으로 휘발유)
제5류 : 자기반응성 물질
제6류 : 산화성 액체

위험물의 분류별 종류는 예전에는 빈도수가 적었으나 최근에 계속 출제되고 있으니 **반드시 암기하자!** ☆☆☆

07

제1류와 제6류 위험물에 포함되지 않는 물질을 고르시오.

① 과산화수소
② 중크롬산염류
③ 염소산염류
④ 니트로소 화합물

해 제1류와 제6류는 각각 산화성 고체와 산화성 액체이다.
제1류와 제6류의 모든 물질을 외울 수가 없을 때는 '산'자가 들어가지 않은 물질을 고르면 정답이다.

08

이산화탄소 소화기의 특징이 아닌 것을 고르시오.

① 주성분은 액화탄산가스이다.

② BC급의 화재에 적합하다.

③ 소화 효과는 질식, 냉각 소화이다.

④ **이산화탄소의 찬 성질을 이용하여 제거 소화를 한다.**

해 이산화탄소 소화기의 특징을 물어보는 문제이며, ④의 이산화탄소의 찬 성질을 이용하여 질식, 냉각 소화를 하는 것은 맞지만, 제거 소화를 하는 것은 아니다. 따라서 정답은 ④가 된다.

09

제3류 위험물에 해당하는 것을 고르시오.

① 인화성 액체

② **자연발화성 및 금수성 물질**

③ 산화성 액체

④ 가연성 고체

해 제3류 위험물인 자연발화성 및 금수성이란 물과 반응하면 화재나 폭발을 일으킬 수 있는 물질을 말하며, 가연성 가스 등을 발생시킨다.

10

다음 중 300만 원 벌금이 아닌 것을 고르시오.

① 소방안전관리자, 보조자 미선임
② 화재안전조사 거부 및 방해
③ 소방 시설 미설치
④ 소방관리자에게 불이익한 처분을 한 관리인

해 ③의 '소방 시설 미설치'는 300만 원 이하 과태료 처분이다.
벌금과 과태료 문제는 전체적으로 꼼꼼히 암기해야 답을 맞출 수 있다.

〈**대표적인 300만 원 이하 벌금 사항**〉
- 소방안전관리자, 보조자 미선임
- 화재안전조사 거부 및 방해
- 소방 관리자에게 불이익한 처분을 한 관리인
- 중대 위반 사항 미보고

11

다음 중 방염 대상 물품이 아닌 것을 고르시오.

① 두께가 2㎜ 미만인 종이 벽지
② 창문에 설치하는 커튼류
③ 암막 및 무대막
④ 전시용 합판 또는 섬유판

해 〈**대표적인 방염 대상 물품**〉
1. 창문에 설치하는 커튼류(블라인드 포함)
2. 카펫, 벽지류(두께가 2㎜ 미만인 종이 벽지 제외)
3. 전시용, 무대용 합판 또는 섬유판
4. 암막 및 무대막(체육 시설 스크린 포함)
5. 섬유류 또는 합성수지류 등을 원료로 하여 제작된 소파 및 의자 등이다.

12

피난 시설에 있어 금지 행위가 아닌 것을 고르시오.

① 옥상문, 계단, 복도, 비상구 등 피난, 방화 시설의 폐쇄 행위
② 방화문의 고임 장치(도어스톱) 설치 등 피난·방화 시설의 훼손 행위
③ **물건을 나르기 위해 계단에 잠시 쌓아 놓은 행위**
④ 방화 구획 및 내부 마감 재료 등 피난·방화 시설 등의 변경 행위

해 ③번을 제외한 나머지 보기들은 '절대' 해서는 안 되는 금지 행위에 해당한다.

13

다음 중 100만 원 이하 벌금이 아닌 것을 고르시오.

① **소방자동차 전용 구역 주차, 진로 방해**
② 피난 명령 위반
③ 소방대의 활동 방해
④ 물이나 수도 조작 방해

해 100만 원 이하 벌금과 100만 원 이하 과태료가 보기에 같이 있다.
①은 100만 원 이하 과태료에 해당하며, 나머지 보기들은 100만 원 이하 벌금에 해당한다.

14

피난층의 정의로 옳은 것을 고르시오.

① **곧바로 지상으로 갈수 있는 층**
② 곧바로 1층으로 갈 수 있는 층
③ 건물의 1층만을 피난층으로 지정할 수 있다.
④ 지상에서 옥상으로 올라갈 수 있는 층

해 많이 혼동하는데, '피난층'이란 곧바로 1층으로 나갈 수 있는 층이 아닌, 곧바로 지상으로 나갈 수 있는 층을 말한다.

15

연면적 70,000㎡인 특정 소방대상물의 관리자와 관리보조자 최소 선임 기준을 고르시오.

① 1급 소방안전관리자 :1명
소방안전관리보조자 :3명
② **1급 소방안전관리자 :1명**
소방안전관리보조자 :4명
③ 2급 소방안전관리자 :1명
소방안전관리보조자 :3명
④ 2급 소방안전관리자 :1명
소방안전관리보조자 :4명

해 **1급 소방안전관리자** : 1명
15,000㎡ 이상 10만㎡ 미만이므로 1급 소방안전관리대상물이다.

소방안전관리보조자 : 4명
면적 15,000㎡마다 한 명이므로
70,000 ÷ 15,000 = 4.66명 ≒ 4명(소수점 내림)이다.

16

위험물별 성질로서 옳지 않은 것을 고르시오.

① 제1류 위험물 : 산화성 고체
② 제2류 위험물 : 가연성 고체
③ 제5류 위험물 : 자기반응성 물질
④ 제6류 위험물 : 인화성 액체

해 ④의 제6류는 인화성 액체가 아닌 산화성 액체이다.

〈위험물의 분류별 종류〉
제1류 : 산화성 고체
제2류 : 가연성 고체
제3류 : 자연발화성 및 금수성(물과 반응하면 화재나 폭발을 일으킬 수 있는 물질)
제4류 : 인화성 액체(대표적으로 휘발유)
제5류 : 자기반응성 물질
제6류 : 산화성 액체

17

장애유형별 피난 보조 시 손전등 및 전등을 활용하거나 메모를 이용한 대화가 효과적인 장애 유형을 고르시오.

① 청각장애인
② 시각장애인
③ 지적장애인
④ 노약자

해 '청각장애인'은 시각적인 효과가 있는 전등이나 메모로 위험 상황을 알려야 하며, '시각장애인'은 소리를 질러 알리거나 호루라기 등의 소리가 큰 도구를 이용하여 위험 상황을 알려야 한다.

18

펌프의 성능 시험시 압력을 조정하는 벨브의 명칭을 고르시오.

① **릴리프벨브**
② 체크벨브
③ 개폐벨브
④ 안전벨브

해 성능 시험에 있어 '압력'이라는 말이 나오면 무조건 '릴리프벨브'를 답으로 고르자. 릴리프밸브는 압력과 매우 깊은 연관이 있으며, 수압의 분사뿐만 아니라 자동차의 연료 분사 등에도 쓰인다.

19

피토게이지로 방출량을 측정하려 한다. 측정하는 방법으로 옳지 않은 것을 고르시오.

① 반드시 직사형 관창을 이용하여 측정하여야 한다.
② 초기 방수시 물 속에 존재하는 이물질이나 공기 등이 완전히 배출된 후에 측정하여야 한다.
③ 피토게이지는 봉상주수 상태에서 직각으로 측정한다.
④ **피토게이지는 노즐 구경 크기만큼의 거리에서 압력값을 측정한다.**

해 피토게이지의 방출량 측정에 있어 ④의 노즐 구경의 '크기만큼'이 아닌 '노즐 구경의 절반' 혹은 '노즐의 구경을 D로 한다면 D/2'가 되어야 올바르게 측정할 수 있다.

20

한국소방안전원의 업무로 옳지 않은 것을 고르시오.

① 소방 안전에 관한 국제 협력
② 화재 예방과 안전관리 의식 고취를 위한 대국민 홍보
③ **소방 산업 전문 인력의 양성 지원**
④ 소방 업무에 관하여 행정기관이 위탁하는 업무

해 ③은 소방산업기술원에 대한 설명이다. 다음 소방안전원의 업무는 꼭 알아두어야 한다. 한국소방안전원은 다음 각 호의 업무를 수행한다(소방기본법 제41조).

1) 소방 기술과 안전관리에 관한 교육 및 조사·연구
2) 소방 기술과 안전 관리에 관한 각종 간행물 발간
3) 화재 예방과 안전관리 의식 고취를 위한 대국민 홍보
4) 소방 업무에 관하여 행정 기관이 위탁하는 업무
5) 소방 안전에 관한 국제 협력
6) 그 밖에 회원에 대한 기술 지원 등 정관으로 정하는 사항

21

감지기와 감지기 사이의 회로 배선 방식을 고르시오.

① **송배선식**
② 발전기식
③ 연동식
④ 연계식

해 감지기 사이의 회로 배선은 반드시 '송배선식'으로 한다. 도통시험에 있어 감지기의 이상 유무의 판단은 '송배선식'이어야 가능하다.

문제 22번~23번

<기동용 수압 개폐 장치>

22

위의 그림에 대한 설명으로 옳지 않은 것을 고르시오.

① **가 : 용적 150 ℓ 이상이다.**
② 나 : 안전 밸브로써 과압시 방출된다.
③ 다 : 압력 스위치로서 압력의 증감을 전기적 신호로 변환시킨다.
④ 라 : 배수 밸브로서 압력 챔버의 물을 배수한다.

해 탱크의 용적은 100 ℓ 이상이다.

23

왼쪽 그림에 대한 설명으로 옳지 않은 것을 고르시오.

① 마 : 개폐밸브로서 점검 및 보수 시 급수를 차단한다.
② 바 : 압력계로서 압력챔버 내의 압력을 표시한다.
③ **다 : 압력계로서 압력챔버 내의 압력을 전기적으로 표시한다.**
④ 가 : 용적이 100 ℓ 이상이다.

해 다 : 압력스위치로서 압력의 증감을 전기적 신호로 변환시킨다.

24

특정 소방대상물의 종합점검을 실시한 자는 그 점검 결과를 얼마 동안 자체 보관하여야 하는가?

① 6개월
② 1년
③ **2년**
④ 3년

해 소방안전관리자 시험 문제에서 '문서의 보관'이라는 말이 나오면 '무조건 2년'이 답이다.

25

다음 그래프는 릴리프밸브 작동 시 압력과 유량을 나타낸 그래프이다. 네모 안에 들어갈 용어로 옳은 것을 고르시오.

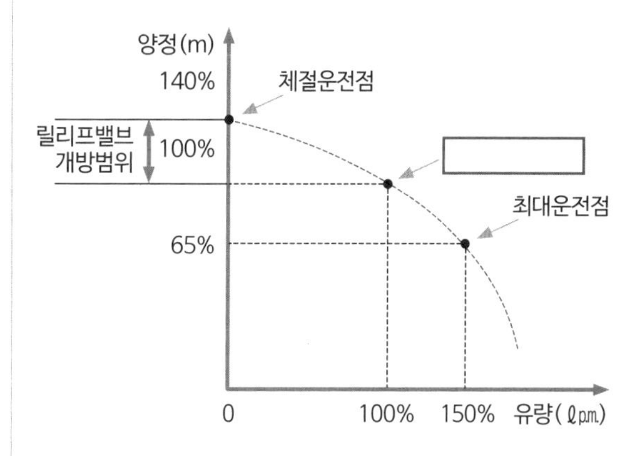

① 체절운전점
② 최소운전점
③ 최대운전점
④ **정격부하운전점**

해 네모 안에 들어갈 말은 '정격부하운전점'이며, 릴리프밸브의 개방 범위에 따라 유량이 결정된다.

26

다음 중 자동심장충격기(AED)의 사용 방법 중 옳지 않은 것을 고르시오.

① 패드1 : 오른쪽 빗장뼈 아래
② 패드2 : 왼쪽 젖꼭지 아래의 중간 겨드랑이 선
③ 부착 위치에 이물질이 있으면 제거한다.
④ 심장충격 버튼을 누르기 전 작동자는 환자와 밀착한다.

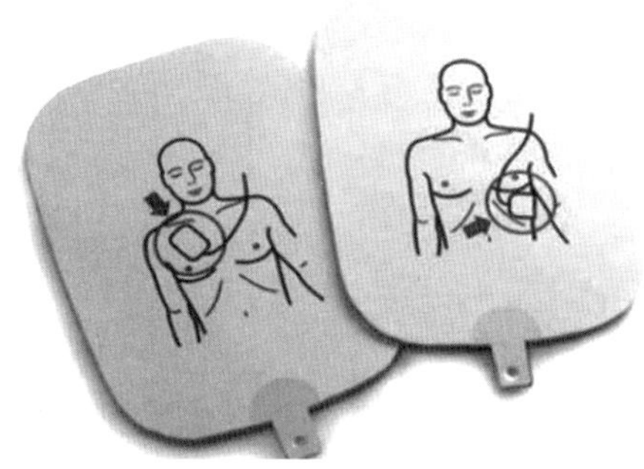

기성품 패드에는 그림과 같이 표시되어 사용할 때 혼동이 없지만, 그렇지 않다면 다음 내용을 참고하자.

1. 패드1 : 오른쪽 빗장뼈 아래(왼쪽 패드의 그림)
2. 패드2 : 왼쪽 젖꼭지 아래의 중간 겨드랑이 선(오른쪽 패드의 그림)
3. 부착 위치에 이물질이 있으면 제거한다.
4. 심장충격 버튼을 누르기 전 작동자는 환자와 떨어져 있어야 하며 도움을 주는 다른 사람도 감전의 우려가 있으니 환자로부터 떨어져 있어야 한다. 따라서 작동 시 환자로부터 밀착하는 것이 아니라 멀리 떨어져 있어야 하므로 정답은 ④이다.

27

뇌에 산소 공급이 몇 분 이상 중단되면 뇌 손상으로 판단할 수 있는지 고르시오.

① 1~2분
② 3~4분
③ **4~6분**
④ 10~15분

해 호흡과 심장이 멎고 4~6분이 경과하면, 산소 부족으로 뇌가 손상되어 원상 회복되지 않는다.

28

화상의 부위가 분홍색이 되고 분비액이 많이 나오는 화상의 정도를 고르시오.

① 1도 화상
② **2도 화상**
③ 3도 화상
④ 4도 화상

해 지문에서 '분비액이 많이 나온다'는 것을 힌트로 '2도 화상'을 정답으로 골라야 한다. 참고로 '3도 화상'은 피부가 말라 버려 진액 등이 흐르지 않고, 회색이나 검은색으로 피부가 변한다. 4도 화상은 없다.

29

다음 중 소형, 대형 소화기의 능력 단위를 바르게 표시한 것을 고르시오.

① **소형 소화기** : 능력 단위 1단위 이상, 대형 소화기 능력 미만
대형 소화기 : A급 화재 15단위 이상 B급 화재 20단위 이상

② **소형 소화기** : 능력 단위 2단위 이상, 대형 소화기 능력 미만
대형 소화기 : A급 화재 10단위 이상, B급 화재 20단위 이상

③ **소형 소화기 : 능력 단위 1단위 이상, 대형 소화기 능력 미만**
대형 소화기 : A급 화재 10단위 이상, B급 화재 20단위 이상

④ **소형 소화기** : 능력 단위 1단위 이상, 대형 소화기 능력 미만
대형 소화기 : A급 화재 15단위 이상, B급 화재 30단위 이상

해 **소형 소화기** : 능력 단위 1단위 이상, 대형 소화기 미만
대형 소화기 : 능력 단위 A급 화재 10단위 이상, B급 화재 20단위 이상

30

다음 중 용어의 설명으로 옳지 않은 것을 고르시오.

① **건축 면적** : 건축물 외벽의 중심선으로 둘러싸인 부분의 수평투영 면적을 말한다.

② **바닥 면적** : 건축물의 각층 또는 일부로서 벽, 기둥, 기타 이와 유사한 구획의 중심선으로 둘러싸인 부분의 수평투영 면적으로 한다.

③ **건폐율** : 대지 면적에 대한 건축 면적의 비율을 말한다.

④ **용적률 : 대지 면적에 대한 연면적**(지하층 포함)**의 비율을 말한다.**

해 1) 건축 면적
건축물의 외벽(외벽이 없으면 외곽 부분의 기둥)의 중심선으로 둘러싸인 부분의 수평투영 면적으로 한다.
2) 바닥 면적
건축물의 각층 또는 그 일부로서 벽, 기둥, 기타 이와 유사한 구획의 중심선으로 둘러싸인 부분의 수평투영 면적으로 한다.

3) 연면적

건축물 하나의 각층 바닥 면적의 합계로 한다. 다만 용적률의 산정에 있어서는 지하층의 면적과 지상층의 주차용(해당 건축물의 부속 용도인 경우에 한한다)으로 사용되는 면적, 피난안전구역의 면적, 건축물의 경사 지붕 아래 설치하는 대피 공간의 면적은 산입하지 않는다.

4) 건폐율

대지 면적에 대한 건축 면적(대지에 두 개 이상의 건축물이 있을 때는 이들의 건축 면적 합계로 한다)의 비율을 말한다.

5) 용적률

대지 면적에 대한 연면적(대지에 두 개 이상의 건축물이 있을 때는 이들의 연면적 합계로 한다)의 비율을 말한다.

용적률에는 연면적에 있어 지하층이 포함되지 않으므로 ④가 정답이다.

(다음 동영상을 통해 자세히 알아보자.)

31

화재 시 열 이동에 가장 크게 작용하는 방식으로 열 에너지를 파장의 형태로 방사하는 개념을 고르시오.

① 전도

② 대류

③ **복사**

④ 기류

해 복사란 화재에서 화염의 접촉이 없이 연소가 확산되는 현상이다. 소방안전관리자 문제에 있어 '접촉 없이' 혹은 '에너지를 파장 형태로'라는 말이 나올 때는 '복사'를 고르면 정답이다.

32

주위의 온도가 일정 온도 이상이 되었을 때 작동하는 감지기로 주방 및 보일러실에 쓰이는 감지기의 종류를 고르시오.

① 차동식 스포트형 감지기
② 정온식 스포트형 감지기
③ **연기 감지기**
④ 변온식 스포트형 감지기

해 **차동식 스포트형 감지기** : 주위 온도가 일정상승률 이상이 되는 경우에 작동(거실, 사무실 등)

정온식 스포트형 감지기 : 주위 온도가 일정 온도 이상이 되었을 때 작동(보일러실, 주방 등)

연기 감지기 : 이온화식 스포트형, 광전식 스포트형(계단, 복도 등)

변온식 감지기는 존재하지 않는다.

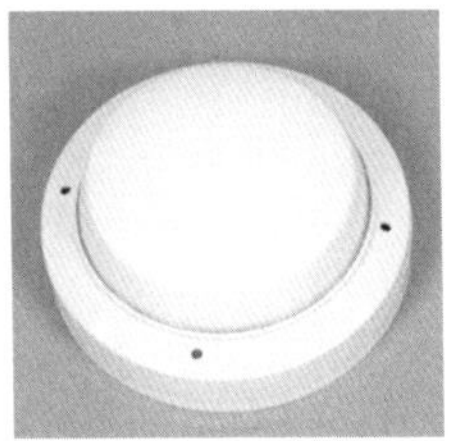

차동식 스포트형 감지기

정온식 스포트형 감지기

연기 감지기

33

다음 중 소화약제가 다른 소화 설비를 고르시오.

① 옥내 소화전
② 옥외 소화전
③ **이산화탄소 소화기**
④ 스프링클러

해 옥내, 옥외 소화전과 스프링클러는 약제가 '물'이다.

이산화탄소 소화기의 경우 소화약제는 '액화탄산'이다.

34

다음 그림은 습식 스프링클러 설비의 계통도이다. (가)에 들어갈 말로 옳은 것을 고르시오.

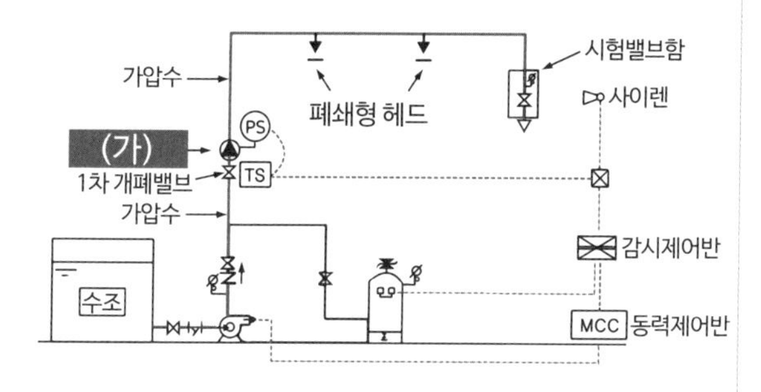

① 개폐밸브
② 알람밸브
③ 시험밸브
④ 화재표시등

해 건식의 경우, 건식(드라이)벨브가 해당 위치에 있으며, 준비작동식의 경우 프리액션벨브가 위치한다.

35

다음 중 5년 이하 징역 또는 5,000만 원 이하 벌금에 해당하지 않는 것을 고르시오.

① 화재 발생 시 소방대상물의 강제 처분 방해
② 소방대의 화재 진압, 인명 구조를 방해
③ 소방대원 폭행, 협박 등 구조,, 구급 활동을 방해
④ 소방차의 출동을 방해

해 화재 발생 시 소방대상물의 강제 처분 방해는 3년 이하 징역, 3,000만원 이하 벌금이다.

★★★ **벌금/과태료 문제는 시험에 무조건 나오니 각 항목을 꼼꼼하게 체크하자!**

36

옥내 소화전의 방수압 측정 결과 피토게이지의 값이 다음을 가리키고 있다. 다음 중 옳지 않은 것을 고르시오.

$$Q=2.065\times D^2\times\sqrt{P}$$

Q : 분당 방수량(ℓ/min)

D : 관경(또는 노즐의 구경㎜)

[옥내 소화전 : 13㎜, 옥외 소화전 : 19㎜]

p : 방수 압력(㎫)

① 방수 압력은 0.3㎫이다.
② 옥내 소화전의 방수량은 약 191ℓ/min이다.
③ 옥내 소화전의 압력값은 합격이다.
④ 옥내 소화전의 방수량은 불합격이다.

해 피토게이지의 방수 압력 값은 0.3을 가리키고 있다. 그렇다면 식에 값을 모두 대입해 보자.

분당 방수량 = 2.065×13×13(옥내 소화전의 노즐 구경)×$\sqrt{0.3}$

즉, 방수량은 191ℓ/min이다. 이는 옥내 소화전의 기준 130ℓ/min에 부합하며, 피토게이지의 압력 기준 0.17~0.7㎫에 부합한다.

37

옥외 소화전의 방수량 측정 시험에서 피토게이지의 측정값이 0.2㎫로 측정되었다. 다음 중 옳지 않은 것을 고르시오.

① 옥외 소화전의 방수량은 불합격이다.
② 옥외 소화전의 방수 압력 측정값은 불합격이다.
③ **옥외 소화전의 방수량은 약422ℓ/min 이다.**
④ 옥내 소화전의 방수량은 약333ℓ/min 이다.

해 옥외 소화전에 있어 피토게이지의 값이 0.2㎫로 나왔다면,
2.065×19×19(옥외 소화전의 노즐 구경)×$\sqrt{0.2}$ = 333ℓ/min라는 값이 나온다.
옥외 소화전의 방수량 정상 범위 :
350ℓ/min(0.25~0.7㎫)에 미치지 못하므로, 압력, 방수량 모두 불합격이며, 측정값은 약 333ℓ/min이다.

38

소방 계획의 4가지 작성 원칙에 대한 정의로 옳지 않은 것을 고르시오.

① 실현 가능한 계획
② 관계인의 참여
③ **계획 수립의 자동화**
④ 실행 우선

해 | 소방 계획의 작성 원칙 |
1) 실현 가능한 계획
2) 관계인의 참여
3) 계획 수립의 구조화
4) 실행 우선

39

금속 화재의 특성으로 옳지 않은 것을 고르시오.

① 금속류 중 특히 가연성이 강한 것으로서 칼륨, 나트륨, 마그네슘, 알루미늄 등이 있다.

② **분말 형태보다는 괴상**(덩어리)**이 더 위험하다.**

③ 소화에 있어 분말 소화약제나 건조사(마른 모래) 등을 사용한다.

④ 소화에 있어 물, 강화액 등은 사용하면 안 된다.

해 금속 화재는 덩어리보다 분말이 더 위험하다.

40

소방 계획에는 주요 원리 3가지가 있다. 다음 중 이 3가지에 포함되지 않는 것을 고르시오.

① 종합적 안전관리

② **지속적 안전관리**

③ 지속적 발전 모델

④ 통합적 안전관리

해 | 소방 계획의 주요 원리|

1) 종합적 안전관리

2) 통합적 안전관리

3) 지속적 발전 모델

41

다음 중 소방 계획의 작성 원칙 중 옳지 않은 것을 고르시오.

① **관리자 우선**
② 실현 가능한 계획
③ 계획 수립의 구조화
④ 계획이 우선이 아닌 실행 우선

해 ①의 관리자 우선이 아닌 관계인의 참여가 반드시 필요하다.

| 소방 계획의 작성 원칙 |
1) 실현 가능한 계획
2) 관계인의 참여
3) 계획 수립의 구조화
4) 실행 우선

42

건축물의 사용승인일이 2023년 4월 1일이다. 종합점검 시기와 작동점검 시기로 옳은 것을 고르시오.

① **종합점검 : 4월 20일**
작동점검 : 10월 15일
② 종합점검 : 4월 20일
작동점검 : 11월 15일
③ 종합점검 : 5월 20일
작동점검 : 10월 15일
④ 종합점검 : 5월 20일
작동점검 : 11월 15일

해 종합점검 : 사용승인일이 속하는 달에 실시
작동점검 : 종합점검을 받은달부터 6개월이 되는 달에 실시

사용승인일이 속한 달 내에 종합점검을 실시하고, 6개월이 되는 달(위의 문제에서는 10월 1일~10월 31일 중)에 작동점검을 실시한다.

43

바닥면적 2,500㎡인 근린생활 시설에 3단위 분말소화기를 설치하려 한다. 최소 몇 개가 필요한지 고르시오.(단, 이 건물은 내화 구조로 되어 있다)

① 2개
② 3개
③ 4개
④ **5개**

해 100㎡마다 1대의 소화기가 필요하다. 하지만 내화 구조이면, 그 두 배인 200㎡마다 1대, 그리고 2단위 소화기이므로, 2,500÷200=12.5이다.
또한, 3단위 소화기이므로
12.5÷3=4.16 ≒ 5대(소수점 올림)이다.

44

용접, 용단 작업을 할 때는 화재감시자를 지정하며 해당 장소에 배치해야 한다. 화재감시자를 배치하지 않아도 되는 경우를 고르시오.

① 같은 장소에서 상시 반복적으로 용접, 용단 작업을 지금까지 사고 없이 했던 경우
② **같은 장소에서 상시 반복적으로 용접, 용단 작업을 할 때 경보용 설비 기구, 소화 설비 또는 소화기가 갖추어진 경우**
③ 같은 장소에서 상시 반복적으로 용접, 용단 작업을 할 때 소화기가 비치된 경우
④ 같은 장소에서 상시 반복적으로 용접, 용단 작업을 할 때 화재경보기가 설치되어 있는 경우

해 용접, 용단을 작업할 때 화재감시자를 두어야 하지만, 두지 않아도 되는 경우를 숙지하는 문제이다. '같은 장소에서 상시 반복적으로' 작업을 하고 경보용 설비 등이 갖추어졌으면 화재감시자를 배치하지 않을 수 있다.

45

다음 P형 수신기에서 발신기에 의한 화재가 4층에서 감지되었다. 등이 점등되지 않아야 하는 것을 고르시오.

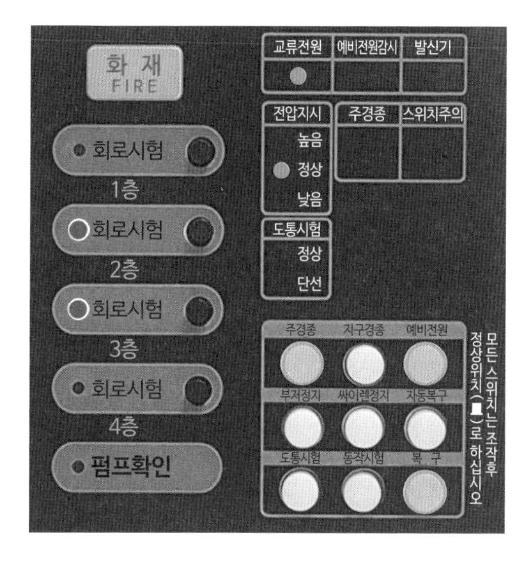

① 발신기
② 4층
③ **예비전원감시**
④ 주경종

해 4층의 발신기에서 화재가 감지 되었을 때 들어오는 적색등은 발신기, 4층, 화재, 주경종 등이고, 예비전원감시와는 무관하다.

46

다음 보기는 소화기의 약제이다. 이 물질에 맞는 소화기를 바르게 짝지은 것을 고르시오.

제1인산암모늄 - 액화탄산가스

① ABC 소화기-ABC 소화기
② BC 소화기-ABC 소화기
③ ABCD 소화기-ABC 소화기
④ **ABC 소화기-BC 소화기**

해 ABC 소화기의 약제와 이산화탄소 소화기의 약제를 보기에 주고, 적합한 화재에 쓰이는 소화기를 물어보는 문제이다. 제1인산암모늄은 ABC 소화기의 약제 성분이라 어렵지 않으나, 이산화탄소 소화기(약제가 액화탄산가스이다)의 경우 BC급 화재에 적합한 소화기라는 것까지 반드시 알아야 한다.

계산 문제 완벽 특강

소방안전관리보조자 선임(아파트) 인원

1. 아파트의 경우 300세대마다 1명의 보조자를 선임

➡ 예 1,700세대의 소방안전관리보조자 계산
300세대마다 1명의 보조자 선임!
1,700 ÷ 300 = 5.66 ≒ 5명! (소수점 내림)
아파트의 경우는 300을 나눈다는 것만 알면, 전체 세대수에 300을 나누고 나눈 값의 소수점 이하를 지우면 정답이 된다.

소방안전관리보조자 선임(소방대상물) 인원

2. 특정 소방대상물의 경우 15,000㎡마다 1명의 소방안전관리보조자를 선임

➡ 예 연면적 20만(200,000)㎡의 특정 소방대상물의 소방안전관리 보조자 선임 인원은?
15,000㎡마다 1명의 보조자를 선임
200,000 ÷ 15,000 = 13.33 ≒ 13명 (소수점 내림)

➡ 예 위의 200,000㎡는 몇 급의 소방안전관리자를 두어야 하는가?
특급 소방안전관리자

소화기 개수

1. 소화기는 근린생활 시설의 경우 100㎡마다 1단위 소화기 1대를 설치해야 한다.

➡ 예 바닥면적 2,500㎡인 근린생활 시설에 소화기를 설치하려 한다.
최소 몇 개가 필요한가?
100㎡마다 1대의 소화기가 필요하므로
2,500 ÷ 100= 25대

소화기 개수 (심화)

➡ ㉮ 바닥면적 2,500㎡인 근린생활 시설에 2단위 분말소화기를 설치하려 한다. 최소 몇 개가 필요한가?(단, 이 건물은 내화 구조로 되어 있다)

100㎡마다 1 대의 소화기가 필요하다. 하지만 내화 구조의 경우 그 2배인 200㎡마다 1 대가 필요하다.

2,500 ÷ 200= 12.5 (소수점 올림)

또한, 2단위 소화기이므로

12.5 ÷ 2 = 6.25 ≒ 7대 (소수점 올림)

소화기 개수는 소수점이 나오면 무조건 올린다!

객석 유도등 개수

객석 유도등 개수 공식은,

$$\frac{\text{직선 통로의 길이}}{4} - 1 \text{ (소수점 올림)}$$

➡ ㉮ 객석 유도등을 설치하려고 한다. 직선인 통로가 50m일 때, 객석 유도등의 최소 설치 개수는?

$$\frac{50}{4} - 1 = 11.5 \fallingdotseq 12\text{개}$$ (소수점 올림)

객석 유도등의 경우도 소화기와 마찬가지로 소수점을 올림하여 그 개수를 구한다.

방화 구획 나누기

하나의 경계 구역은 600㎡ 이하로 하고, 한 변의 길이는 50m 이하로 한다. 단, 2개 층의 합이 500㎡ 이하이면, 1개 구역으로 여길 수 있다.

➡ ㉮ 소방대상물의 경계 구역을 지정하려 한다. 이 건물은 몇 개의 구역으로 나눠야 하는가? (단, 한 변의 길이는 50m 이하이다)

1층 : 900㎡	2층 : 700㎡	3층 : 300㎡	4층 : 200㎡

1층 2개, 2층 2개, 3층과 4층을 묶어서 1개. 즉, 2+2+1 = 5개 구역

초단기 합격을 위한 필수 비법서

무조건 합격!
소방안전관리자 2급 기출문제집

1판 1쇄 인쇄 2025년 1월 24일
1판 1쇄 발행 2025년 2월 3일

지 은 이 남기태
펴 낸 이 이재유
펴 낸 곳 MOBL-e (MOBL-E는 무블출판사의 교육 부문 임프린트입니다.)

출판등록 제2020-000047호(2020년 2월 20일)
주 소 서울시 마포구 신촌로 2길 19, 마포출판문화진흥센터 3층 P10호 (우 04051)
전 화 02-514-0301
팩 스 02-6499-8301
이 메 일 0301@hanmail.net
홈페이지 mobl.kr

ISBN 979-11-91433-70-8 (13530)

한국소방안전원
KOREA FIRE SAFETY INSTITUTE
자격시험 및 평가 답안지

종 목	
유 형	Ⓐ Ⓑ Ⓒ Ⓓ
일 자	
성 명	

수 험 번 호

⓪	⓪	⓪	⓪	⓪	⓪
①	①	①	①	①	①
②	②	②	②	②	②
③	③	③	③	③	③
④	④	④	④	④	④
⑤	⑤	⑤	⑤	⑤	⑤
⑥	⑥	⑥	⑥	⑥	⑥
⑦	⑦	⑦	⑦	⑦	⑦
⑧	⑧	⑧	⑧	⑧	⑧
⑨	⑨	⑨	⑨	⑨	⑨

감독 확인	

▲ 상단 바코드 훼손에 주의합니다.

문항	정답 (1~10)	문항	정답 (11~20)	문항	정답 (21~30)	문항	정답 (31~40)	문항	정답 (41~50)
1	① ② ③ ④	11	① ② ③ ④	21	① ② ③ ④	31	① ② ③ ④	41	① ② ③ ④
2	① ② ③ ④	12	① ② ③ ④	22	① ② ③ ④	32	① ② ③ ④	42	① ② ③ ④
3	① ② ③ ④	13	① ② ③ ④	23	① ② ③ ④	33	① ② ③ ④	43	① ② ③ ④
4	① ② ③ ④	14	① ② ③ ④	24	① ② ③ ④	34	① ② ③ ④	44	① ② ③ ④
5	① ② ③ ④	15	① ② ③ ④	25	① ② ③ ④	35	① ② ③ ④	45	① ② ③ ④
6	① ② ③ ④	16	① ② ③ ④	26	① ② ③ ④	36	① ② ③ ④	46	① ② ③ ④
7	① ② ③ ④	17	① ② ③ ④	27	① ② ③ ④	37	① ② ③ ④	47	① ② ③ ④
8	① ② ③ ④	18	① ② ③ ④	28	① ② ③ ④	38	① ② ③ ④	48	① ② ③ ④
9	① ② ③ ④	19	① ② ③ ④	29	① ② ③ ④	39	① ② ③ ④	49	① ② ③ ④
10	① ② ③ ④	20	① ② ③ ④	30	① ② ③ ④	40	① ② ③ ④	50	① ② ③ ④

작성 시 유의 사항

1. 필기구는 검정색 수성싸인펜, 볼펜 등을 사용하여 보기와 같이 바르게 표기 하시기 바랍니다.
   ※ 붉은색 필기도구는 사용불가합니다.(예비마크 금지) / (바른표기 ● 틀린표기 ✓ ⊘ ⊗ ⦸ ⊙)
   ※ 잘못된 기재로인한 OMR기의 인식 오류는 응시자 책임이므로 주의하시기 바랍니다.
2. 상단의 검은색 바코드 부분에는 절대로 낙서하거나 훼손하지 마시기 바랍니다. 답안지란에 표기한 내용은 수정할 수 없습니다.

한국소방안전원
KOREA FIRE SAFETY INSTITUTE

자격시험 및 평가 답안지

종 목	
유 형	Ⓐ Ⓑ Ⓒ Ⓓ
일 자	
성 명	

수험번호					
⓪	⓪	⓪	⓪	⓪	⓪
①	①	①	①	①	①
②	②	②	②	②	②
③	③	③	③	③	③
④	④	④	④	④	④
⑤	⑤	⑤	⑤	⑤	⑤
⑥	⑥	⑥	⑥	⑥	⑥
⑦	⑦	⑦	⑦	⑦	⑦
⑧	⑧	⑧	⑧	⑧	⑧
⑨	⑨	⑨	⑨	⑨	⑨

감독 확인	

▲ 상단 바코드 훼손에 주의합니다.

문항	정 답 (1~10)	문항	정 답 (11~20)	문항	정 답 (21~30)	문항	정 답 (31~40)	문항	정 답 (41~50)
1	① ② ③ ④	11	① ② ③ ④	21	① ② ③ ④	31	① ② ③ ④	41	① ② ③ ④
2	① ② ③ ④	12	① ② ③ ④	22	① ② ③ ④	32	① ② ③ ④	42	① ② ③ ④
3	① ② ③ ④	13	① ② ③ ④	23	① ② ③ ④	33	① ② ③ ④	43	① ② ③ ④
4	① ② ③ ④	14	① ② ③ ④	24	① ② ③ ④	34	① ② ③ ④	44	① ② ③ ④
5	① ② ③ ④	15	① ② ③ ④	25	① ② ③ ④	35	① ② ③ ④	45	① ② ③ ④
6	① ② ③ ④	16	① ② ③ ④	26	① ② ③ ④	36	① ② ③ ④	46	① ② ③ ④
7	① ② ③ ④	17	① ② ③ ④	27	① ② ③ ④	37	① ② ③ ④	47	① ② ③ ④
8	① ② ③ ④	18	① ② ③ ④	28	① ② ③ ④	38	① ② ③ ④	48	① ② ③ ④
9	① ② ③ ④	19	① ② ③ ④	29	① ② ③ ④	39	① ② ③ ④	49	① ② ③ ④
10	① ② ③ ④	20	① ② ③ ④	30	① ② ③ ④	40	① ② ③ ④	50	① ② ③ ④

작성 시 유의 사항

1. 필기구는 검정색 수성싸인펜, 볼펜 등을 사용하여 보기와 같이 바르게 표기 하시기 바랍니다.
   ※ 붉은색 필기도구는 사용불가합니다.(예비마크 금지) / (바른표기 ● 틀린표기 ⊘ ⊘ ⊗ ⦸ ⊙)
   ※ 잘못된 기재로인한 OMR기의 인식 오류는 응시자 책임이므로 주의하시기 바랍니다.
2. 상단의 검은색 바코드 부분에는 절대로 낙서하거나 훼손하지 마시기 바랍니다. 답안지란에 표기한 내용은 수정할 수 없습니다.

한국소방안전원
KOREA FIRE SAFETY INSTITUTE

자격시험 및 평가 답안지

종 목	
유 형	Ⓐ Ⓑ Ⓒ Ⓓ
일 자	
성 명	

수험번호

0	0	0	0	0	0
1	1	1	1	1	1
2	2	2	2	2	2
3	3	3	3	3	3
4	4	4	4	4	4
5	5	5	5	5	5
6	6	6	6	6	6
7	7	7	7	7	7
8	8	8	8	8	8
9	9	9	9	9	9

감독 확인	

▲ 상단 바코드 훼손에 주의합니다.

문항	정답 (1~10)	문항	정답 (11~20)	문항	정답 (21~30)	문항	정답 (31~40)	문항	정답 (41~50)
1	① ② ③ ④	11	① ② ③ ④	21	① ② ③ ④	31	① ② ③ ④	41	① ② ③ ④
2	① ② ③ ④	12	① ② ③ ④	22	① ② ③ ④	32	① ② ③ ④	42	① ② ③ ④
3	① ② ③ ④	13	① ② ③ ④	23	① ② ③ ④	33	① ② ③ ④	43	① ② ③ ④
4	① ② ③ ④	14	① ② ③ ④	24	① ② ③ ④	34	① ② ③ ④	44	① ② ③ ④
5	① ② ③ ④	15	① ② ③ ④	25	① ② ③ ④	35	① ② ③ ④	45	① ② ③ ④
6	① ② ③ ④	16	① ② ③ ④	26	① ② ③ ④	36	① ② ③ ④	46	① ② ③ ④
7	① ② ③ ④	17	① ② ③ ④	27	① ② ③ ④	37	① ② ③ ④	47	① ② ③ ④
8	① ② ③ ④	18	① ② ③ ④	28	① ② ③ ④	38	① ② ③ ④	48	① ② ③ ④
9	① ② ③ ④	19	① ② ③ ④	29	① ② ③ ④	39	① ② ③ ④	49	① ② ③ ④
10	① ② ③ ④	20	① ② ③ ④	30	① ② ③ ④	40	① ② ③ ④	50	① ② ③ ④

작성시 유의사항

1. 필기구는 검정색 수성싸인펜, 볼펜 등을 사용하여 보기와 같이 바르게 표기 하시기 바랍니다.
   ※ 붉은색 필기도구는 사용불가합니다.(예비마크 금지) / (바른표기 ● 틀린표기 ✓ ⊘ ⊗ ⦸ ⊙)
   ※ 잘못된 기재로인한 OMR기의 인식 오류는 응시자 책임이므로 주의하시기 바랍니다.
2. 상단의 검은색 바코드 부분에는 절대로 낙서하거나 훼손하지 마시기 바랍니다. 답안지란에 표기한 내용은 수정할 수 없습니다.

한국소방안전원
KOREA FIRE SAFETY INSTITUTE

자격시험 및 평가 답안지

종 목	
유 형	Ⓐ Ⓑ Ⓒ Ⓓ
일 자	
성 명	

수험번호					
⓪	⓪	⓪	⓪	⓪	⓪
①	①	①	①	①	①
②	②	②	②	②	②
③	③	③	③	③	③
④	④	④	④	④	④
⑤	⑤	⑤	⑤	⑤	⑤
⑥	⑥	⑥	⑥	⑥	⑥
⑦	⑦	⑦	⑦	⑦	⑦
⑧	⑧	⑧	⑧	⑧	⑧
⑨	⑨	⑨	⑨	⑨	⑨

감독 확인	

▲ 상단 바코드 훼손에 주의합니다.

문항	정 답 (1~10)	문항	정 답 (11~20)	문항	정 답 (21~30)	문항	정 답 (31~40)	문항	정 답 (41~50)
1	① ② ③ ④	11	① ② ③ ④	21	① ② ③ ④	31	① ② ③ ④	41	① ② ③ ④
2	① ② ③ ④	12	① ② ③ ④	22	① ② ③ ④	32	① ② ③ ④	42	① ② ③ ④
3	① ② ③ ④	13	① ② ③ ④	23	① ② ③ ④	33	① ② ③ ④	43	① ② ③ ④
4	① ② ③ ④	14	① ② ③ ④	24	① ② ③ ④	34	① ② ③ ④	44	① ② ③ ④
5	① ② ③ ④	15	① ② ③ ④	25	① ② ③ ④	35	① ② ③ ④	45	① ② ③ ④
6	① ② ③ ④	16	① ② ③ ④	26	① ② ③ ④	36	① ② ③ ④	46	① ② ③ ④
7	① ② ③ ④	17	① ② ③ ④	27	① ② ③ ④	37	① ② ③ ④	47	① ② ③ ④
8	① ② ③ ④	18	① ② ③ ④	28	① ② ③ ④	38	① ② ③ ④	48	① ② ③ ④
9	① ② ③ ④	19	① ② ③ ④	29	① ② ③ ④	39	① ② ③ ④	49	① ② ③ ④
10	① ② ③ ④	20	① ② ③ ④	30	① ② ③ ④	40	① ② ③ ④	50	① ② ③ ④

작성 시 유의사항

1. 필기구는 검정색 수성싸인펜, 볼펜 등을 사용하여 보기와 같이 바르게 표기 하시기 바랍니다.
   ※ 붉은색 필기도구는 사용불가합니다.(예비마크 금지) / (바른표기 ● 틀린표기 ⊘ ⊘ ⊗ ⦸ ⊙)
   ※ 잘못된 기재로인한 OMR기의 인식 오류는 응시자 책임이므로 주의하시기 바랍니다.
2. 상단의 검은색 바코드 부분에는 절대로 낙서하거나 훼손하지 마시기 바랍니다. 답안지란에 표기한 내용은 수정할 수 없습니다.